チャンネル登録お願いします！

ヤジマの数学道場

SCAN HERE

動画配信
はじめました！

▶ /昇龍堂チャンネル

Aクラスブックス

因数分解

玉川大学教授
成川 康男 著

昇龍堂出版

まえがき

　中学校・高等学校の数学において，最も基本となるのが式の計算です。その中でも因数分解は，方程式・不等式・関数などのあらゆる単元において不可欠であり，十分に身についていないと，さまざまな単元で問題を解くことができないことになりかねません。とくに高校で学習する単元では，基本原理は同じでもたくさんの文字が出てくるため，ある文字は定数と考え，ある文字は変数と考えるなど，文字の扱いを十分に練習する必要があります。

　本書は，高校以降の数学の足腰となる因数分解について，ていねいに解説し，十分な量の練習問題がついています。この本を学習することにより，中学で学ぶ因数分解を復習することができ，さらに大学入試に出題される因数分解までマスターすることができます。

　本書は4章で構成されています。1章では，因数分解に必要な用語の説明と乗法公式の確認を行います。因数分解では，展開がすらすらとできる力が必要です。2章では，因数分解の最も基本である共通因数をくくり出す練習を行います。すべての因数分解の問題は，共通因数をくくり出すことで解くことができますが，共通因数が簡単に見つからないことも多いものです。そのようなときに役に立つのが，因数分解の公式です。3章では，因数分解を解くための公式の適用について学習します。4章では，公式を適用するだけでなく，さらに特別な解法が必要となるような発展的な内容に挑戦します。

　因数分解は中学では3年生の教科書で学習し，高校では数学Ⅰ，数学Ⅱの教科書で学習します。本書では，★がついていないものは主に中学で学習する範囲の内容となり，高校の数学Ⅰの範囲の内容には★を，数学Ⅱの範囲または大学入試レベルの内容には★★をつけました。高校入試のために★のついていないものを中心に学習したり，大学入試のために★★のものに挑戦するなど，みなさんのそれぞれの目標に合わせて，この本を活用してください。

　本書をていねいに学習することで，高校以降の数学で必要となる文字式の感覚が身につき，因数分解以外の数学に取り組む際にも，学習の効果を実感できると思います。

著　者

本書の使い方

本書で学習するときは，以下の特徴をふまえるとよいでしょう。

1. **用語・公式をしっかり理解しよう。**

    はじめに，因数分解に必要な用語や公式の成り立ち・特徴について解説してあります。[例] などを通して，これらをしっかり理解してください。また，問 を利用してこれらの確認をしてください。

2. **例題を解いてみよう。**

    それぞれの節で学習する因数分解の典型的な問題を，例題 として取りあげています。[解説] でその考え方・解き方を理解し，[解答] で式を変形する過程を確認してください。また，[別解] として解答とは異なる解き方を，[参考] として解答・別解とは異なる考え方や参考となることがらを，[注意] として問題を解く上で注意したい点などを，つけ加えてあります。これらを利用して，多様な考え方を養い，さまざまな解法を身につけ，自分の力で例題が解けるようにしましょう。

3. **演習問題をしっかり解くことで実力をつけよう。**

    演習問題 は，例題で学習したことがらを確実に身につけるための問題です。例題の解き方を参考にして，確実に，スムーズに解けるようにくり返し練習してください。

4. **学習した章のまとめとして総合問題を解いてみよう。**

    学習内容がきちんと身についているかを確認するために，章末の 総合問題 を利用してください。因数分解を含む式の計算は，ある程度のスピードで正確に解くことができなければ，他の単元には活用できません。実力テストのつもりで，時間を計って解いてみるのもよいでしょう。

5. **コラム・研究を読んでみよう。**

    コラム では，簡単なことがらから高度な内容まで，因数分解に関するさまざまな話題を扱っています。コラムを読むことで，因数分解に対して親しみがわいたり，理解がより深まると思います。

    研究 は，因数分解についての理論的な考察です。少し難しい内容ですが，計算をして解くふつうの因数分解とは異なる問題の例として読んでみてください。難関大学では，このような問題が入試問題として出題されることもあります。

目次

1章　因数分解の準備 ……………………………… 1
1　整式 …………………………………………… 1
- 単項式と多項式 ……………………………… 1
- 整式の整理 …………………………………… 2

2　展開 …………………………………………… 4
- 分配法則 ……………………………………… 4
- 乗法公式1 …………………………………… 6
- 乗法公式2 …………………………………… 7
- 置き換えによる展開 ………………………… 9
- ★★3次式の展開 ……………………………… 11

総合問題 ……………………………………… 16

2章　共通因数 …………………………………… 17
1　共通因数 ……………………………………… 17
- 因数分解と共通因数 ………………………… 17
- 単項式の形の共通因数 ……………………… 17

2　多項式の形の共通因数 ……………………… 21
- 多項式の共通因数 …………………………… 21
- 共通因数を見つける ………………………… 22

総合問題 ……………………………………… 24

3章　公式の利用 ………………………………… 25
1　完全平方式 …………………………………… 25
- 完全平方式 …………………………………… 26
- 共通因数と置き換え ………………………… 29

2　平方の差 ……………………………………… 31
- 平方の差 ……………………………………… 31
- 共通因数と置き換え ………………………… 32

- 3　2次3項式 ·· 37
  - ● 2次3項式 ··· 37
  - ● 2次の項の係数が1である2次3項式 ················· 39
  - ● 共通因数と置き換え ······································ 42
- 4★ たすき掛け ·· 45
  - ●★ たすき掛け ··· 45
  - ●★ 共通因数と置き換え ···································· 50
- 5★★ 3次式 ·· 57
  - ●★★ 立方の和と立方の差 ··································· 57
  - ●★★ 共通因数と置き換え ··································· 58
  - ●★★ 和の立方と差の立方 ··································· 60
- 総合問題 ·· 65

4章　公式を組み合わせた因数分解 ···················· 67

- 1　特定の文字について1次の式 ······························ 67
- 2★ 2次以上の式 ·· 70
  - ●★ 1つの文字に着目する ································· 71
  - ●★ たすき掛け ··· 73
  - ●★★ 3次以上の式 ··· 77
  - ● 因数分解の手順のまとめ ······························· 78
- 3　工夫のいる置き換え ·· 79
  - ● 置き換え ··· 79
  - ●★ 複2次式 ·· 82
  - ●★★ 相反式 ··· 84
- 総合問題 ·· 87

v

［研究］★★	整数係数の多項式 ・・・・・・・・・・・・・・・・・・・・・・・・・・・・・・・・91
［コラム］	因数分解の範囲 ・・・・・・・・・・・・・・・・・・・・・・・・・・・・・・・・・・・・36
	たすき掛けを使わない方法① ・・・・・・・・・・・・・・・・・・・・・49
	たすき掛けを使わない方法② ・・・・・・・・・・・・・・・・・・・・・54
	たすき掛けを使わない方法③ ・・・・・・・・・・・・・・・・・・・・・56
	$x^3+y^3+z^3-3xyz$ の因数分解と3次方程式 ・・・・・・・・64
	マボロシのt ・・・・・・・・・・・・・・・・・・・・・・・・・・・・・・・・・・・74
	なぐってさする方法 ・・・・・・・・・・・・・・・・・・・・・・・・・・・・・83
	3次と4次の相反式の違い ・・・・・・・・・・・・・・・・・・・・・・・85
	三角形の面積 ・・・・・・・・・・・・・・・・・・・・・・・・・・・・・・・・・・・90

索引 ・・・93

別冊　解答編

1章 因数分解の準備

　因数分解の対象となるのは，整式であり，**因数分解**とは，1つの整式を1次以上のいくつかの整式の積の形に表すことである。

　この章では，単項式・多項式・整式・次数などの用語を，明確にしていく。また，式の展開の公式を確認し，因数分解の準備とする。ある特定の文字に着目して式を整理することは，因数分解をスムーズに進めていくために大切である。

1 整式

● 単項式と多項式

　2，$3x$，a^2，$-pqx^2$ などのように，数や文字，およびそれらを掛け合わせてできる式を**単項式**という。単項式では，数の部分をその単項式の**係数**といい，掛け合わせた文字の個数をその単項式の**次数**という。ただし，2のように0でない数だけの単項式の次数は0とし，数0の次数は考えない。

　1を係数とするとき，たとえば $1x$ はふつう x と書く。また，-1 を係数とするとき，たとえば $(-1)x$ はふつう $-x$ と書く。

例　　$3x$ の係数は 3，次数は 1
　　　　a^2 の係数は 1，次数は 2
　　　　$-pqx^2$ の係数は -1，次数は 4

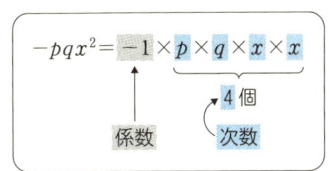

$$-pqx^2 = \boxed{-1} \times \boxed{p \times q \times x \times x}$$
係数　　　次数（4個）

　単項式が2種類以上の文字を含むとき，特定の文字に着目して係数や次数を考えることがある。このとき，他の文字は数と同じものとみなす。

例　　$-pqx^2$ の係数と次数
　　　　x に着目すると，係数は $-pq$，次数は 2 である。
　　　　p に着目すると，係数は $-qx^2$，次数は 1 である。
　　　　p と q に着目すると，係数は $-x^2$，次数は 2 である。

$$-pqx^2 = \boxed{-pq} \times x \times x$$

問 1　次の単項式で，［　］内の文字に着目したときの次数と係数をいえ。
(1) $-5x^3y^2$　［y］
(2) $3a^3b^2c$　［a と b］

$3x^2+(-ax)+4$ のように，単項式の和として表される式を**多項式**といい，$3x^2$，$-ax$，4 のような1つ1つの単項式を，その多項式の**項**という。単項式と多項式を合わせて**整式**という。

$3x^2+(-ax)+4$ はふつう $3x^2-ax+4$ と書く。

参考 単項式を項が1つの多項式と考えて，多項式を整式と同じ意味に用いることもある。

● **整式の整理**

整式の項の中で，文字の部分が同じである項を**同類項**という。整式に含まれる同類項は，係数の和を計算して1つの項にまとめることができる。同類項を1つにまとめて式を簡単にすることを，整式を**整理する**という。

例 $3x^2-2x^2+4x-5x+3$ において，

$3x^2$ と $-2x^2$，$4x$ と $-5x$ はそれぞれ同類項であるから，
$$3x^2-2x^2+4x-5x+3=(3-2)x^2+(4-5)x+3$$
$$=x^2-x+3$$

と整理することができる。

同類項をまとめた整式において，次数が最も高い項の次数をその整式の**次数**といい，次数が n の整式を **n 次式**という。また，文字を含まない項を**定数項**という。

例 x^2-x+3 は2次式で，定数項は3である。

問2 次の整式は何次式で，定数項は何か。

(1) $4x^3+3x^2-x+5$

(2) $-2+3x-x^2$

(3) $2x-4x^3-4+3x^2$

(4) $a^3b+abc+c^2+6$

2種類以上の文字を含む整式において，単項式の場合と同じように，特定の文字に着目して係数や次数を考えることがある。このとき，着目した文字を含まない項を定数項という。

ある1つの文字に着目して整式を整理するとき，$3x^2-4x+5$ のように次数の高い項から順に並べることがある。このことを**降べきの順**に整理するという。$5-4x+3x^2$ のように次数の低い項から順に並べることを**昇べきの順**に整理するという。

例題1 特定の文字に着目する

整式 $ax^2+3x^2-ax+2x-2a-5$ について，次の問いに答えよ。
(1) a と x については何次式で，その場合の定数項は何か。
(2) a について降べきの順に整理せよ。
(3) x について昇べきの順に整理せよ。

[解説] (1) 整式 $ax^2+3x^2-ax+2x-2a-5$ は a と x に着目すると，次数が最も高い項は ax^2 で，定数項は文字を含まない項，すなわち -5 である。

(2) a についての整式とみると，ax^2 と $-ax$ と $-2a$ が同類項であるから，a についてまとめることができる。このとき，定数項は $3x^2+2x-5$ である。
$$ax^2+3x^2-ax+2x-2a-5=x^2a+3x^2-xa+2x-2a-5$$
$$=(x^2-x-2)a+3x^2+2x-5$$

(3) x についての整式とみると，ax^2 と $3x^2$，$-ax$ と $2x$ がそれぞれ同類項となり，それぞれ x^2，x についてまとめることができる。このとき，定数項は $-2a-5$ である。
$$ax^2+3x^2-ax+2x-2a-5=-2a-5+(-a+2)x+(a+3)x^2$$

[解答] (1) 3次式，定数項 -5
(2) $(x^2-x-2)a+3x^2+2x-5$
(3) $-2a-5+(-a+2)x+(a+3)x^2$

[注意] (2) a について降べきの順に整理したとき，各係数や定数項も x について降べきの順に整理することが多い。
(3) x について昇べきの順に整理したとき，各係数や定数項も a について昇べきの順に整理してもよい。
　　すなわち，
$$-5-2a+(2-a)x+(3+a)x^2$$
としてもよい。

演習問題

1 次の式を指示にしたがって整理せよ。
(1) $3x^2-4xy+2y^2+7x+5y-1$
　(i) x について降べきの順に
　(ii) y について昇べきの順に
(2) $a(b^2+c^2)+b(c^2+a^2)+c(a^2+b^2)+abc$
　(i) a について降べきの順に
　(ii) b について昇べきの順に
　(iii) c について降べきの順に

2 展開

● 分配法則

整式の加法，減法，乗法は，数の場合と同様に，次の法則を基礎として行われる。

交換法則 $A+B=B+A$, $\quad AB=BA$
結合法則 $(A+B)+C=A+(B+C)$, $\quad (AB)C=A(BC)$
分配法則 $A(B+C)=AB+AC$, $\quad (A+B)C=AC+BC$

── ●分配法則 ──
$$m(a+b)=ma+mb, \quad (a+b)m=am+bm$$

いくつかの整式の積の形をした式が与えられたとき，式の中のかっこをはずして単項式の和の形に表すことを，その式を **展開する** という。

分配法則を使うと，次の例のように展開することができる。

例
$$2a(4a+3b)=2a\cdot 4a+2a\cdot 3b$$
$$=8a^2+6ab$$

$$-3abc(2a+3b-4c)$$
$$=-3abc\cdot 2a+(-3abc)\cdot 3b+(-3abc)\cdot(-4c)$$
$$=-6a^2bc-9ab^2c+12abc^2$$

$2a(4a+3b)=2a\cdot 4a+2a\cdot 3b$
$m(a+b)\;=\;ma\;+\;mb$

注意 上の例で用いた・は，乗法を表す記号である。したがって，$2a\cdot 4a$ は $2a\times 4a$ を表す。

問3 次の式を展開せよ。

(1) $3x(x-2y)$
(2) $(xy-3)xy^2$
(3) $2x(x^2-3x+5)$
(4) $(x-3y-2)xy$
(5) $-5ab(a^2+2ab-3b)$
(6) $3p^2q^3r(p^2-4pr+2qr^2)$

例 $(a+b)(c+d)$ を展開してみよう。
$c+d=m$ とおくと，
$$(a+b)(c+d)=(a+b)m$$
$$=am+bm$$
$$=a(c+d)+b(c+d)$$
$$=ac+ad+bc+bd$$

分配法則
m を $c+d$ にもどす
分配法則

問4 次の式を展開せよ。
(1) $(a-b)(c+d)$
(2) $(x+1)(y-2)$
(3) $(2a+3)(5b+2)$
(4) $(p-3)(x-2y)$
(5) $(a-2b)(p-4q)$
(6) $(2a+3b)(7c-5d)$

例題2　分配法則の利用

$(2x-1)(x^2+2x-3)$ を展開せよ。

解説 $x^2+2x-3=m$ とおくと，$(2x-1)(x^2+2x-3)=(2x-1)m$ となるから，分配法則を使って展開できる。

解答 $x^2+2x-3=m$ とおくと，
$(2x-1)(x^2+2x-3)$
$=(2x-1)m$
$=2xm-m$　　　　　　　　　　　　分配法則
$=2x(x^2+2x-3)-(x^2+2x-3)$　　　m を x^2+2x-3 にもどす
$=2x^3+4x^2-6x-x^2-2x+3$　　　分配法則
$=2x^3+3x^2-8x+3$　　　　　　　同類項をまとめる

参考 慣れてきたら，次の矢印のように掛けて計算してよい。

$(2x-1)(x^2+2x-3)=2x^3+4x^2-6x-x^2-2x+3=2x^3+3x^2-8x+3$

参考 次のように縦書きで計算すると，計算間違いを減らせることが多い。縦書きで計算するときは，計算する整式を降べき，または昇べきの順に整理する。また，分配法則を使って順に掛けたとき，同類項を縦にそろえるようにして書く。

$$\begin{array}{r} x^2+2x-3 \\ \times)\ 2x-1 \\ \hline 2x^3+4x^2-6x \\ -x^2-2x+3 \\ \hline 2x^3+3x^2-8x+3 \end{array}$$

← 降べきの順に整理する
← 降べきの順に整理する
← 同類項を縦にそろえる

係数と定数項のみを取り出して計算してから，結果に文字をつけ足してもよい。

$$\begin{array}{r} 1\ \ \ 2\ -3 \\ \times)\ 2\ -1 \\ \hline 2\ \ \ 4\ -6 \\ -1\ -2\ \ \ 3 \\ \hline 2\ \ \ 3\ -8\ \ \ 3 \end{array}$$

ゆえに，$(2x-1)(x^2+2x-3)=2x^3+3x^2-8x+3$

演習問題

2 次の式を展開せよ。
(1) $(a+b)(c+d+e)$
(2) $(a+b)(a-2b+3)$
(3) $(x-y+1)(x+y)$
(4) $(x-2)(x^2+3x+1)$
(5) $(2a+1)(3a^2-2a+2)$
(6) $(a+2b)(2a^2-ab-b^2)$

乗法公式1

整式を展開するとき，中心的な役割を果たす原理は分配法則である。分配法則をくり返し使えばどのような展開の問題も解くことができるが，早く正確に展開するためには乗法公式を有効に使うことが大切である。

乗法公式1

$(a+b)^2 = a^2+2ab+b^2$ （和の平方の公式）
$(a-b)^2 = a^2-2ab+b^2$ （差の平方の公式）
$(a+b)(a-b) = a^2-b^2$ （和と差の積の公式）
$(x+a)(x+b) = x^2+(a+b)x+ab$ （1次式の積の公式①）

参考 乗法公式は，分配法則を使って導くことができる。
$(a+b)^2 = (a+b)(a+b) = a(a+b)+b(a+b)$
$= a^2+ab+ab+b^2 = a^2+2ab+b^2$
$(x+a)(x+b) = x(x+b)+a(x+b)$
$= x^2+bx+ax+ab = x^2+(a+b)x+ab$

問5 次の式を展開せよ。
(1) $(a+2)^2$
(2) $(x+4)^2$
(3) $(y-3)^2$
(4) $(b-1)^2$
(5) $(x-5)(x+5)$
(6) $(c-7)(c+7)$
(7) $(x+3)(x+5)$
(8) $(x-3)(x+6)$
(9) $(x+1)(x-6)$
(10) $(y-4)(y-3)$

例題3 乗法公式の利用①

次の式を展開せよ。
(1) $(3x+4y)^2$
(2) $(2s-3t)^2$
(3) $(7x+3yz)(7x-3yz)$
(4) $(x+3y)(x-5y)$

解説 どの問題も，式の一部を1つのものとみなして公式を適用する。

(1) $3x$, $4y$ をそれぞれ a, b とみなして和の平方の公式を適用する。

(2) $2s$, $3t$ をそれぞれ a, b とみなして差の平方の公式を適用する。

$$(3x+4y)^2 = (3x)^2 + 2\cdot 3x \cdot 4y + (4y)^2$$
$$(a+b)^2 = a^2 + 2ab + b^2$$

(3) $7x$, $3yz$ をそれぞれ a, b とみなして和と差の積の公式を適用する。

(4) $3y$, $-5y$ をそれぞれ a, b とみなして1次式の積の公式①を適用する。

$$(x+3y)(x-5y) = x^2 + \{3y+(-5y)\}x + 3y\cdot(-5y)$$
$$(x+a)(x+b) = x^2 + (a+b)x + ab$$

解答
(1) $(3x+4y)^2 = (3x)^2 + 2\cdot 3x \cdot 4y + (4y)^2 = 9x^2 + 24xy + 16y^2$

(2) $(2s-3t)^2 = (2s)^2 - 2\cdot 2s \cdot 3t + (3t)^2 = 4s^2 - 12st + 9t^2$

(3) $(7x+3yz)(7x-3yz) = (7x)^2 - (3yz)^2 = 49x^2 - 9y^2z^2$

(4) $(x+3y)(x-5y) = x^2 + \{3y+(-5y)\}x + 3y\cdot(-5y) = x^2 - 2xy - 15y^2$

演習問題

3 次の式を展開せよ。
(1) $4ab(2a-3b)$
(2) $(2x)^2(x^2+3x-5)$
(3) $(-x)^3(x-3y+xz)$
(4) $(2x+y)^2$
(5) $(5a-4b)^2$
(6) $(2ab+3c)^2$

4 次の式を展開せよ。
(1) $(4x+3y)(4x-3y)$
(2) $(3xy-z)(3xy+z)$
(3) $(3x-7a)(7a+3x)$
(4) $(x-3y)(x-2y)$
(5) $(x-3y)(x+2y)$
(6) $(a+5b)(a+3b)$
(7) $(x-7ab)(x+4ab)$
(8) $(x^2-3y)(x^2+y)$

● 乗法公式 2

$(ax+b)(cx+d)$ を展開すると,
$$(ax+b)(cx+d) = acx^2 + adx + bcx + bd = acx^2 + (ad+bc)x + bd$$
であり，これを公式として使ってよい。

―●乗法公式 2―
$$(ax+b)(cx+d) = acx^2 + (ad+bc)x + bd$$
（1次式の積の公式②）

例 $(2x+5)(7x+3) = 2 \cdot 7x^2 + (2 \cdot 3 + 5 \cdot 7)x + 5 \cdot 3$
$\qquad\qquad\qquad = 14x^2 + 41x + 15$
$\quad\ (2x-5)(7x-3) = 2 \cdot 7x^2 + \{2 \cdot (-3) + (-5) \cdot 7\}x + (-5) \cdot (-3)$
$\qquad\qquad\qquad = 14x^2 - 41x + 15$

例題4　乗法公式の利用②

次の式を展開せよ。
(1) $(2x+3)(4x-5)$　　　(2) $(5x-3y)(2x+7y)$

[解説]　(1) 1次式の積の公式② $(ax+b)(cx+d) = acx^2 + (ad+bc)x + bd$ を利用して，$a=2$, $b=3$, $c=4$, $d=-5$ として展開する。

$$(2x+3)(4x-5) = 2 \cdot 4x^2 + \{2 \cdot (-5) + 3 \cdot 4\}x + 3 \cdot (-5)$$
$$(ax+b)(cx+d) = acx^2 + (ad+bc)x + bd$$

(2) $-3y$, $7y$ をそれぞれ1つのものとみなす。すなわち，上の公式で $-3y$ を b, $7y$ を d と考える。

[解答]　(1) $(2x+3)(4x-5) = 2 \cdot 4x^2 + \{2 \cdot (-5) + 3 \cdot 4\}x + 3 \cdot (-5)$
$\qquad\qquad\qquad\qquad = 8x^2 + 2x - 15$

(2) $(5x-3y)(2x+7y) = 5 \cdot 2x^2 + \{5 \cdot 7y + (-3y) \cdot 2\}x + (-3y) \cdot 7y$
$\qquad\qquad\qquad\qquad = 10x^2 + 29xy - 21y^2$

[参考]　(2) 慣れてきたら，文字の部分を先に考えて，
$$(5x-3y)(2x+7y) = \Box x^2 + \Box xy + \Box y^2$$
と文字の部分を確定させ，つぎに □ の中に入る係数を
$$(5x-3y)(2x+7y) = \boxed{5 \cdot 2}x^2 + \boxed{5 \cdot 7 + (-3) \cdot 2}xy + \boxed{(-3) \cdot 7}y^2$$
と計算するとよい。

演習問題

5　次の式を展開せよ。
(1) $(2x+3)(2x+1)$　　　(2) $(3a-5)(2a-1)$
(3) $(5x+3)(7x-4)$　　　(4) $(4x-3)(6x+5)$

6　次の式を展開せよ。
(1) $(2x+3y)(3x+2y)$　　　(2) $(2x-5y)(3x-2y)$
(3) $(5a-2b)(3a+5b)$　　　(4) $(x-3yz)(3x+2yz)$
(5) $(2ab-5c)(ab-2c)$　　　(6) $(5a-2bc)(7a+5bc)$

● 置き換えによる展開

$(a+b+c)^2$ の展開を考えてみよう。
$a+b=A$ とおくと,

$$\begin{aligned}(a+b+c)^2 &= (A+c)^2 \\ &= A^2+2Ac+c^2 \quad \text{和の平方の公式} \\ &= (a+b)^2+2(a+b)c+c^2 \quad A \text{ を } a+b \text{ にもどす} \\ &= a^2+2ab+b^2+2ac+2bc+c^2 \quad \text{和の平方の公式} \\ &= a^2+b^2+c^2+2ab+2bc+2ca\end{aligned}$$

と展開できる。
このように,式の一部を1つの文字に置き換えることで,乗法公式を適用することができる。この結果は公式として使ってよい。

●乗法公式3

$$(a+b+c)^2 = a^2+b^2+c^2+2ab+2bc+2ca \quad (3 \text{項の平方の公式})$$

参考 上の公式のように,3つの文字を含む整式において,a, b, c が右の図の矢印の順に並ぶように整理することを,**輪環の順に整理する**,またはサイクリックに整理するという。3つの文字を含む整式において,輪環の順に整理するのは,その結果を見やすくするためである。4つ以上の文字を含む整式においては,輪環の順に整理することができない。

例題5 置き換えによる展開

次の式を展開せよ。
(1) $(x+y+z)(x+y-2z)$ (2) $(a-b+c)(a+b-c)$
(3) $(x-y-z)(x+y-z)$ (4) $(2x-2y-3z)(3x-3y-2z)$

解説 乗法公式が使えるように,式の一部を1つの文字に置き換える。
(1) $x+y=X$ とおくと,
$$(x+y+z)(x+y-2z) = (X+z)(X-2z)$$
となるから,1次式の積の公式①が適用できる。
(2) 2つのかっこの中の文字で,a は符号が同じ,b, c は符号が異なることに着目する。
$$(a-b+c)(a+b-c) = \{a-(b-c)\}\{a+(b-c)\}$$
と変形できるから,$b-c=A$ とおくとよい。
(3) $(x-y-z)(x+y-z) = \{(x-z)-y\}\{(x-z)+y\}$ と変形できるから,$x-z=X$ とおくとよい。
(4) $(2x-2y-3z)(3x-3y-2z) = \{2(x-y)-3z\}\{3(x-y)-2z\}$ と変形できるから,$x-y=X$ とおくとよい。

[解答] (1) $x+y=X$ とおくと，
$$(x+y+z)(x+y-2z) = (X+z)(X-2z)$$
$$= X^2+(1-2)Xz+1\cdot(-2)z^2$$
$$= X^2-Xz-2z^2$$
$$= (x+y)^2-(x+y)z-2z^2$$
$$= x^2+2xy+y^2-xz-yz-2z^2$$

(2) $(a-b+c)(a+b-c) = \{a-(b-c)\}\{a+(b-c)\}$ より，$b-c=A$ とおくと，
$$(a-b+c)(a+b-c) = (a-A)(a+A)$$
$$= a^2-A^2$$
$$= a^2-(b-c)^2$$
$$= a^2-b^2+2bc-c^2$$

(3) $(x-y-z)(x+y-z) = \{(x-z)-y\}\{(x-z)+y\}$ より，$x-z=X$ とおくと，
$$(x-y-z)(x+y-z) = (X-y)(X+y)$$
$$= X^2-y^2$$
$$= (x-z)^2-y^2$$
$$= x^2-2xz+z^2-y^2$$
$$= x^2-2xz-y^2+z^2$$

(4) $(2x-2y-3z)(3x-3y-2z) = \{2(x-y)-3z\}\{3(x-y)-2z\}$ より，$x-y=X$ とおくと，
$$(2x-2y-3z)(3x-3y-2z)$$
$$= (2X-3z)(3X-2z)$$
$$= 2\cdot 3X^2+\{2\cdot(-2)+(-3)\cdot 3\}Xz+(-3)\cdot(-2)z^2$$
$$= 6X^2-13Xz+6z^2$$
$$= 6(x-y)^2-13(x-y)z+6z^2$$
$$= 6(x^2-2xy+y^2)-13(x-y)z+6z^2$$
$$= 6x^2-12xy+6y^2-13xz+13yz+6z^2$$

[注意] (3)では，$x^2-2xz+z^2-y^2$ の各項をアルファベット順に並べかえて，$x^2-2xz-y^2+z^2$ とした。このように整理することを辞書式順序に整理するという。項の順序はどのようにしてもよいが，とくに a，b，c，d のように 4 つ以上の文字を含む整式においては，見やすくするために辞書式順序に整理するとよい。

[参考] この例題では，式の一部を 1 つの文字に置き換えたが，慣れてきたら，式の一部を 1 つのものとみなして，次のように置き換えないで計算をするとよい。
$$(2x-2y-3z)(3x-3y-2z) = \{2(x-y)-3z\}\{3(x-y)-2z\}$$
$$= 6(x-y)^2-13(x-y)z+6z^2$$
$$= 6(x^2-2xy+y^2)-13(x-y)z+6z^2$$
$$= 6x^2-12xy+6y^2-13xz+13yz+6z^2$$

演習問題

7 次の式を展開せよ。
(1) $(a+2b+c)^2$
(2) $(a-b+c)^2$
(3) $(x-y+4)^2$
(4) $(a+2b-3)^2$
(5) $(-2x+y-4)^2$
(6) $(x^2+3x-1)^2$
(7) $(a+b-2c)(a+b+2c)$
(8) $(x+y-4)(x+y+2)$
(9) $(2a-b+3)(2a-b-5)$
(10) $(x^2-2x+4)(x^2-2x-4)$

8 次の式を展開せよ。
(1) $(3x-2y+2z)(3x-3y+2z)$
(2) $(1-2a-a^2)(1+2a-a^2)$
(3) $(a+b+c)(a-b-c)$
(4) $(2x+y-3z)(2x-y+3z)$
(5) $(2x+2y-1)(x+y+3)$
(6) $(2x+2y-5z)(3x+3y+4z)$
(7) $(4a-4b-3c)(2a-2b-c)$
(8) $(5x^2-5x-4)(2x^2-2x-3)$

● ★★ **3次式の展開**

$(a+b)^3$ を展開すると，次のようになる。

$$(a+b)^3=(a+b)(a+b)^2$$
$$=(a+b)(a^2+2ab+b^2)$$
$$=a(a^2+2ab+b^2)+b(a^2+2ab+b^2)$$
$$=a^3+2a^2b+ab^2+a^2b+2ab^2+b^3$$
$$=a^3+3a^2b+3ab^2+b^3$$

$$\begin{array}{r} a^2+2ab+b^2 \\ \times) a+b \\ \hline a^3+2a^2b+ab^2 \\ a^2b+2ab^2+b^3 \\ \hline a^3+3a^2b+3ab^2+b^3 \end{array}$$

この結果を利用して，$(a+b)^3$ の b を $-b$ に置き換えると考えて，$(a-b)^3$ は次のように展開できる。

$$(a-b)^3=\{a+(-b)\}^3$$
$$=a^3+3a^2\cdot(-b)+3a\cdot(-b)^2+(-b)^3$$
$$=a^3-3a^2b+3ab^2-b^3$$

この結果は乗法公式として使ってよい。

● **乗法公式 4**

$$(a+b)^3=a^3+3a^2b+3ab^2+b^3 \quad (\text{和の立方の公式})$$
$$(a-b)^3=a^3-3a^2b+3ab^2-b^3 \quad (\text{差の立方の公式})$$

例 $(x+2)^3=x^3+3\cdot x^2\cdot 2+3\cdot x\cdot 2^2+2^3=x^3+6x^2+12x+8$
$(x-2)^3=x^3-3\cdot x^2\cdot 2+3\cdot x\cdot 2^2-2^3=x^3-6x^2+12x-8$

$(a+b)(a^2-ab+b^2)$ は，次のように展開できる。

$$\begin{aligned}&(a+b)(a^2-ab+b^2)\\&=a(a^2-ab+b^2)+b(a^2-ab+b^2)\\&=a^3-a^2b+ab^2+a^2b-ab^2+b^3\\&=a^3+b^3\end{aligned}$$

$$\begin{array}{r}a^2-ab+b^2\\\times)\ a+b\\\hline a^3-a^2b+ab^2\\a^2b-ab^2+b^3\\\hline a^3+b^3\end{array}$$

また，$(a-b)(a^2+ab+b^2)$ は，次のように展開できる。

$$\begin{aligned}&(a-b)(a^2+ab+b^2)\\&=a(a^2+ab+b^2)-b(a^2+ab+b^2)\\&=a^3+a^2b+ab^2-a^2b-ab^2-b^3\\&=a^3-b^3\end{aligned}$$

$$\begin{array}{r}a^2+ab+b^2\\\times)\ a-b\\\hline a^3+a^2b+ab^2\\-a^2b-ab^2-b^3\\\hline a^3-b^3\end{array}$$

この結果は乗法公式として使ってよい。

●乗法公式 5

$$(a+b)(a^2-ab+b^2)=a^3+b^3 \quad \text{(立方の和になる公式)}$$
$$(a-b)(a^2+ab+b^2)=a^3-b^3 \quad \text{(立方の差になる公式)}$$

例 $(x+4)(x^2-4x+16)=x^3+4^3=x^3+64$
$(x-4)(x^2+4x+16)=x^3-4^3=x^3-64$

参考 $(a+b)(a^2+ab+b^2)$ を計算すると，次のようになる。

$$\begin{aligned}&(a+b)(a^2+ab+b^2)\\&=a(a^2+ab+b^2)+b(a^2+ab+b^2)\\&=a^3+a^2b+ab^2+a^2b+ab^2+b^3\\&=a^3+2a^2b+2ab^2+b^3\end{aligned}$$

$$\begin{array}{r}a^2+ab+b^2\\\times)\ a+b\\\hline a^3+a^2b+ab^2\\a^2b+ab^2+b^3\\\hline a^3+2a^2b+2ab^2+b^3\end{array}$$

このように，$(a+b)(a^2+ab+b^2)$ を展開しても a^2b，ab^2 の項は消えない。$(a-b)(a^2-ab+b^2)$ も同様である。

●気をつけよう！
立方の和や差になる公式を使うときは，それぞれの係数の**符号**に注意しなければならない。

問 6 ★★ 次の式を展開せよ。

(1) $(a+1)^3$ (2) $(p-3)^3$

(3) $(x+3)(x^2-3x+9)$ (4) $(q-1)(q^2+q+1)$

例題6 ★★ **3次式の乗法公式の利用**

次の式を展開せよ。
(1) $(2x-3y)^3$
(2) $(2x^2+1)^3$
(3) $(x^2+1)(x^4-x^2+1)$
(4) $(x^2-1)(x^4-x^2+1)$
(5) $(2xy-5)(4x^2y^2+10xy+25)$

解説 例題3（→p.6）と同じように，式の一部を1つのものとみなして，公式が適用できるかどうか判断する。符号に注意する。
(1) $2x$, $3y$ をそれぞれ a, b とみなして差の立方の公式を適用する。
(2) $2x^2$, 1 をそれぞれ a, b とみなして和の立方の公式を適用する。
　$(2x^2)^3=2^3\cdot(x^2)^3=8x^{2\times 3}=8x^6$ である。
(3) x^2, 1 をそれぞれ a, b とみなして立方の和になる公式を適用する。
(4) 公式が適用できないので，例題2（→p.5）のように分配法則を使う。
(5) $2xy$, 5 をそれぞれ a, b とみなして立方の差になる公式を適用する。

解答
(1) $(2x-3y)^3=(2x)^3-3\cdot(2x)^2\cdot 3y+3\cdot 2x\cdot(3y)^2-(3y)^3$
　　　　　　　$=8x^3-36x^2y+54xy^2-27y^3$
(2) $(2x^2+1)^3=(2x^2)^3+3\cdot(2x^2)^2\cdot 1+3\cdot 2x^2\cdot 1^2+1^3$
　　　　　　　$=8x^6+12x^4+6x^2+1$
(3) $(x^2+1)(x^4-x^2+1)=(x^2)^3+1^3$
　　　　　　　　　　　　$=x^6+1$
(4) $(x^2-1)(x^4-x^2+1)$
　　$=x^2(x^4-x^2+1)-(x^4-x^2+1)$
　　$=x^6-x^4+x^2-x^4+x^2-1$
　　$=x^6-2x^4+2x^2-1$

$$\begin{array}{r} x^4-x^2+1 \\ \times)\ x^2-1 \\ \hline x^6-x^4+x^2 \\ -x^4+x^2-1 \\ \hline x^6-2x^4+2x^2-1 \end{array}$$

(5) $(2xy-5)(4x^2y^2+10xy+25)=(2xy)^3-5^3$
　　　　　　　　　　　　　　　　$=8x^3y^3-125$

演習問題

9 ★★ 次の式を展開せよ。
(1) $(4a+3b)^3$
(2) $(2pq-r)^3$
(3) $(xy+z)(x^2y^2-xyz+z^2)$
(4) $(xy+z)(x^2y^2+xyz+z^2)$
(5) $(5y-6z)(25y^2+30yz-36z^2)$
(6) $(5y-6z)(25y^2+30yz+36z^2)$

例題7 ★★ 3次以上の式の展開

次の式を展開せよ。
(1) $(x-2)^3(x^2+2x+4)^3$ (2) $(x+1)(x+2)(x+3)(x+6)$
(3) $(a+b+c)(a^2+b^2+c^2-ab-bc-ca)$

[解説] 複雑な計算を避けるために，積の組み合わせを工夫したり，式の一部を1つのものとみなしたりするとよい。

(1) 指数法則 $a^n b^n=(ab)^n$ を利用して，$\{(x-2)(x^2+2x+4)\}^3$ と考える。
(2) 積の組み合わせを考える。$(x+1)(x+6)$ と $(x+2)(x+3)$ をそれぞれ展開すると，ともに定数項が6になり，x^2+6 が共通部分として現れる。そこで，$x^2+6=X$ とおく。
(3) a についての整式と考えて，$\{a+(b+c)\}\{a^2-(b+c)a+(b^2-bc+c^2)\}$ と変形して，次の矢印のように順に掛けて展開する。

$$\{a+(b+c)\}\{a^2-(b+c)a+(b^2-bc+c^2)\}$$

また，別解のように，縦書きで計算してもよい。その際，同類項を縦にそろえるようにして書く。

[解答] (1) $(x-2)^3(x^2+2x+4)^3=\{(x-2)(x^2+2x+4)\}^3=(x^3-2^3)^3$
$\qquad\qquad\qquad\qquad\quad =(x^3-8)^3=(x^3)^3-3\cdot(x^3)^2\cdot 8+3\cdot x^3\cdot 8^2-8^3$
$\qquad\qquad\qquad\qquad\quad =x^9-24x^6+192x^3-512$

(2) $(x+1)(x+2)(x+3)(x+6)=\{(x+1)(x+6)\}\{(x+2)(x+3)\}$
$\qquad\qquad\qquad\qquad\qquad\quad =(x^2+7x+6)(x^2+5x+6)$
$\qquad\qquad\qquad\qquad\qquad\quad =(x^2+6+7x)(x^2+6+5x)$

$x^2+6=X$ とおくと，
$(x+1)(x+2)(x+3)(x+6)=(X+7x)(X+5x)=X^2+12Xx+35x^2$
$\qquad\qquad\qquad\qquad\qquad\quad =(x^2+6)^2+12(x^2+6)x+35x^2$
$\qquad\qquad\qquad\qquad\qquad\quad =x^4+12x^2+36+12x^3+72x+35x^2$
$\qquad\qquad\qquad\qquad\qquad\quad =x^4+12x^3+47x^2+72x+36$

(3) $(a+b+c)(a^2+b^2+c^2-ab-bc-ca)$
$=\{a+(b+c)\}\{a^2-(b+c)a+(b^2-bc+c^2)\}$
$=a^3-(b+c)a^2+(b^2-bc+c^2)a$
$\qquad +(b+c)a^2-(b+c)^2a+(b+c)(b^2-bc+c^2)$
$=a^3+(b^2-bc+c^2)a-(b^2+2bc+c^2)a+b^3+c^3$
$=a^3+b^3+c^3-3abc$

[別解] (3)
$$\begin{array}{r}a^2-(b+c)a+(b^2-bc+c^2)\\ \times)\ a+(b+c)\hphantom{aaaaaaaaaaaaaa}\\ \hline a^3-(b+c)a^2+(b^2-bc+c^2)a\hphantom{aaaaaaaa}\\ (b+c)a^2\hphantom{aa}-(b+c)^2a+(b+c)(b^2-bc+c^2)\\ \hline a^3\hphantom{aaaaaaaaaaaa}-3abc+b^3+c^3\hphantom{aaa}\end{array}$$

ゆえに，$(a+b+c)(a^2+b^2+c^2-ab-bc-ca)=a^3+b^3+c^3-3abc$

例題 7 (3)の結果は公式として利用してよい。また，因数分解の際にも利用されるので，記憶しておきたい。

──●乗法公式 6 ─────────────────────
$$(a+b+c)(a^2+b^2+c^2-ab-bc-ca)=a^3+b^3+c^3-3abc$$

演習問題

10 ** 次の式を展開せよ。
(1) $(x+1)^3(x^2-x+1)^3$
(2) $(2x-1)^3(4x^2+2x+1)^3$
(3) $(x-1)(x-2)(x-4)(x-8)$
(4) $(x-1)(x+2)(x-3)(x+4)$
(5) $(a+2b+3c)(a^2+4b^2+9c^2-2ab-6bc-3ca)$
(6) $(x-y-2)(x^2+y^2+4+xy+2x-2y)$

11 ** 次の式を展開せよ。
(1) $(x^2+xy+y^2)(x^2-xy+y^2)(x^4-x^2y^2+y^4)$
(2) $(a-b+c-d)(a+b+c+d)$
(3) $(a-b-c+d)(a+b-c-d)$
(4) $(a+b+c)(a-b+c)(a+b-c)(a-b-c)$

総合問題

1 次の式を展開せよ。
(1) $3abc(a-2b+4c)$
(2) $(-xy^2)^2(3x^2-2y-4)$
(3) $(x+1)(x^2+2x+3)$
(4) $(x^2+3x+5)(x^2-1)$
(5) $(2a^2+3a+2)(a^2-a-1)$

2 次の式を展開せよ。
(1) $(3x-2y)^2$
(2) $(7xy-4)^2$
(3) $(a^2+3b)^2$
(4) $(5xyz-2)(5xyz+2)$
(5) $(2a+3b)(2a-b)$
(6) $(a^2-5b)(a^2-8b)$
(7) $(2xy-1)(3xy+4)$
(8) $(4a-3b)(7a+5b)$
(9) $(5x^2y-3z)(2x^2y-3z)$

3 次の式を展開せよ。
(1) $(x-y-3z)^2$
(2) $(2x-3y+1)^2$
(3) $(x^2-2x+3)^2$
(4) $(x-2y+z)(x-2y-z)$
(5) $(a-2b+3c)(a+2b-3c)$
(6) $(a+b-2)(a+b+3)$
(7) $(x^2+x+4)(x^2+x-2)$
(8) $(x^2-2x+4)(x^2+2x+4)$
(9) $(2a+2b-1)(5a+5b+3)$
(10) $(3x+6y-z)(x+2y+3z)$

4 ** 次の式を展開せよ。
(1) $(5x+2y)^3$
(2) $(2ax-by)^3$
(3) $(3a^2+2b)^3$
(4) $(3x^2-y^3)^3$
(5) $(x-3)(x^2+3x+9)$
(6) $(2a+b)(4a^2-2ab+b^2)$
(7) $(3x-4y)(9x^2+12xy+16y^2)$
(8) $(a^2+b^2)(a^4-a^2b^2+b^4)$
(9) $(x-1)(x^2-x-1)$
(10) $(x+1)(x^2+x+1)$
(11) $(x-1)^3(x+1)^3$
(12) $(a-b)^3(a^2+ab+b^2)^3$
(13) $(x+y-1)(x^2-xy+y^2+x+y+1)$

5 ** 次の式を展開せよ。
(1) $(x-1)(x+1)(x^2+x+1)(x^2-x+1)$
(2) $a(a-1)(a-2)(a-3)$
(3) $(x-1)(x+1)(x+3)(x+5)$
(4) $(x-2)(x-3)(x+4)(x+6)$
(5) $(3x-2y-z)(9x^2+4y^2+6xy+3xz-2yz+z^2)$

2章 共通因数

因数分解の根本原理は，分配法則である。整式の各項に共通な因数があるとき，分配法則を使ってこれをくくり出すことにより，因数分解することができる。この章では，分配法則を使って共通因数をくくり出すことを学習する。

1 共通因数

● 因数分解と共通因数

1つの整式を1次以上のいくつかの整式の積の形に表すことを，もとの式を**因数分解する**という。このとき，積をつくっている各式を，もとの式の**因数**という。

たとえば，$(x+1)(x+2)$ を展開すると，乗法公式より，
$$(x+1)(x+2)=x^2+3x+2$$
となるから，整式 x^2+3x+2 は，
$$x^2+3x+2=(x+1)(x+2)$$
のように，1次の整式の積の形に表すことができる。すなわち，x^2+3x+2 を因数分解すると，
$$x^2+3x+2=(x+1)(x+2)$$

$(x+1)(x+2)$ $\underset{\text{因数分解}}{\overset{\text{展開}}{\rightleftarrows}}$ x^2+3x+2

である。このとき，x^2+3x+2 の因数は $x+1$ と $x+2$ である。

整式の各項に共通な因数があるとき，その因数を**共通因数**という。

たとえば，$ma+mb$ の項は，ma，mb であり，m が共通因数である。分配法則を使って共通因数 m をかっこの外にくくり出すことにより，
$$ma+mb=m(a+b)$$
と因数分解できる。

―●分配法則―
$$ma+mb=m(a+b)$$

● 単項式の形の共通因数

因数分解では，共通因数をくくり出すことが基本である。共通因数をくくり出すとき第一に学習するのは，共通因数が単項式となる場合である。共通因数がいくつかあるとき，共通因数をすべてくくり出さなければならないことに注意する。

また，整式の各項の係数がすべて整数のとき，係数の1以外の最大公約数も，共通因数の一部としてくくり出すのがふつうである。

たとえば，$8xy-6xz$ の項 $8xy$，$-6xz$ は，8と6の最大公約数が2であり，
$$8xy=2x\times 4y, \qquad -6xz=2x\times(-3z)$$
であるから，共通因数は $2x$ となる。

したがって，
$$8xy-6xz=2x(4y-3z)$$
と因数分解できる。

$$8xy-6xz=\underset{ma}{\underline{2x\cdot 4y}}+\underset{mb}{\underline{2x\cdot(-3z)}}=\underset{m(a+b)}{\underline{2x(4y-3z)}}$$

問1 次の式を因数分解せよ。
(1) $ax+ay$ (2) $ab-bc$ (3) $3ax+6ab$ (4) $6xy-4yz$

例題1　単項式の共通因数

次の式を因数分解せよ。
(1) $2x^2y-4xy^2$ 　　(2) ma^2+ma
(3) $-5x^2+10xy$ 　　(4) $2a^2b^2c+6ab^2c-4abc^2$

[解説] 共通因数を見つけてくくり出す因数分解である。共通因数は，数の部分と文字の部分に分けて考える。共通因数をかっこの外にくくり出すとき，くくり出した後のかっこの中の式に共通因数が残っていてはいけない。

(1) この式の項 $2x^2y$，$-4xy^2$ で，2と4の最大公約数は2である。また，x^2y，xy^2 で，$x^2y=x\times x\times y$，$xy^2=x\times y\times y$ であるから，$x\times y=xy$ が共通している。したがって，くくり出す共通因数は $2xy$ となる。

$$x^2y=x\times x\times y$$
$$xy^2=x\times y\times y$$

(2) この式の項 ma^2，ma で，係数はともに1である。また，$ma^2=m\times a\times a$，$ma=m\times a$ であるから，$m\times a=ma$ が共通している。したがって，くくり出す共通因数は ma となる。

ma から ma をくくり出すと，$ma=ma\times 1$ であるから，かっこの中には1が残る。すなわち，$ma^2+ma=ma\times a+ma\times 1$ であり，1を忘れないように注意する。

(3) この式の項 $-5x^2$，$10xy$ で，5と10の最大公約数は5である。また，x^2，xy で，$x^2=x\times x$，$xy=x\times y$ であるから，x が共通している。したがって，共通因数は $5x$ となるが，かっこの中に初めて出てくる項の係数が正であるようにして，$-5x$ をくくり出す。

(4) この式の項 $2a^2b^2c$, $6ab^2c$, $-4abc^2$ で，2と6と4の最大公約数は2である。また，a^2b^2c, ab^2c, abc^2 で，$a^2b^2c=a\times a\times b\times b\times c$, $ab^2c=a\times b\times b\times c$, $abc^2=a\times b\times c\times c$ であるから，$a\times b\times c=abc$ が共通している。したがって，くくり出す共通因数は $2abc$ となる。

[解答] (1) $2x^2y-4xy^2=\underline{2xy}\cdot x-\underline{2xy}\cdot 2y$
$=2xy(x-2y)$

(2) $ma^2+ma=\underline{ma}\cdot a+\underline{ma}\cdot 1$
$=ma(a+1)$

(3) $-5x^2+10xy=\underline{-5x}\cdot x+(\underline{-5x})\cdot(-2y)$
$=-5x(x-2y)$

(4) $2a^2b^2c+6ab^2c-4abc^2=\underline{2abc}\cdot ab+\underline{2abc}\cdot 3b-\underline{2abc}\cdot 2c$
$=2abc(ab+3b-2c)$

[注意] 因数分解では，共通因数は残らずかっこの外にくくり出さなくてはならない。共通因数の一部をかっこの中に残したままにしていないかどうかを調べる。たとえば，(1)で，$2x^2y-4xy^2=2x\cdot xy-2x\cdot 2y^2=2x(xy-2y^2)$ としてしまうと，かっこの中に共通因数の一部 y が残っている。このようなときは，次のように最後まで因数分解する。

$2x^2y-4xy^2=2x\cdot xy-2x\cdot 2y^2$
$=2x(xy-2y^2)$
$=2x(\underline{y}\cdot x-\underline{y}\cdot 2y)$
$=2xy(x-2y)$

●気をつけよう！
共通因数はすべてくくり出す。

[注意] (3) 本書では，かっこの中に初めて出てくる項の係数を正とするために $-5x$ を共通因数とみて，$-5x(x-2y)$ を答えとするが，$5x$ が共通因数であるから，$-5x^2+10xy=5x(-x+2y)$ と因数分解して，$5x(-x+2y)$ を答えとしてもよい。

[参考] 因数分解と展開は左辺と右辺を入れかえたものであるから，因数分解した式を展開して，もとの式になるかを調べれば，因数分解の結果が正しいかどうかを確かめることができる。たとえば，(4)で，因数分解の結果を展開すると，

$2abc(ab+3b-2c)=2a^2b^2c+6ab^2c-4abc^2$

であるから，この因数分解は正しい。

[演習問題]

1 次の式を因数分解せよ。

(1) $12a^2b-15ab^2$ (2) $2a^2+4a^3$

(3) $6x^3y^2-9x^2y^3$ (4) $-49ax+14bx$

(5) $-35abx-20bcx$ (6) x^2y-2xy^2+xy

(7) $ax^3-2ax^2+3a^2x$ (8) $-a^4b^2-3a^3b^2+6a^3b^3$

(9) $4a^3b^3c+6a^2b^3c^2-8a^2bc^3$

例題2 係数に分数を含む式の因数分解

$\dfrac{3}{4}ax^2y - \dfrac{5}{6}axy^2$ を因数分解せよ。

解説 係数に分数を含む式の因数分解では，まず，すべての係数が整数となるような分数をかっこの外にくくり出し，かっこの中の係数がすべて整数になるようにしてから，かっこの中の因数分解を考えるとよい。

すべての係数が整数となるような分数は，次のようにして見つける。

　　分母は，各項の分母の最小公倍数

　　分子は，各項の分子の最大公約数

この問題では，分母4, 6の最小公倍数は12，分子3, 5の最大公約数は1であるから，まず $\dfrac{1}{12}$ をくくり出し，

$$\dfrac{3}{4}ax^2y - \dfrac{5}{6}axy^2 = \dfrac{1}{12}(9ax^2y - 10axy^2)$$

として，つぎに $9ax^2y - 10axy^2$ の因数分解を考える。

解答
$$\begin{aligned}\dfrac{3}{4}ax^2y - \dfrac{5}{6}axy^2 &= \dfrac{1}{12}(9ax^2y - 10axy^2)\\ &= \dfrac{1}{12}(axy \cdot 9x - axy \cdot 10y)\\ &= \dfrac{1}{12}axy(9x - 10y)\end{aligned}$$

$9ax^2y = 9 \times a \times x \times x \times y$
$10axy^2 = 10 \times a \times x \times y \times y$

注意 $\dfrac{axy}{12}(9x - 10y)$ を答えとしてもよい。本書では，分数をくくり出したものを答えとするが，axy を共通因数として $axy\left(\dfrac{3}{4}x - \dfrac{5}{6}y\right)$ を答えとしてもよい。

このように，係数に分数を含む式の因数分解は，結果がただ1つに定まらない。

演習問題

2 次の式を因数分解せよ。

(1) $\dfrac{2}{3}x^2y + \dfrac{1}{6}xy^2$

(2) $-\dfrac{4}{3}a^2bc - \dfrac{6}{5}ab^2c$

(3) $\dfrac{3}{4}x^4y - 3x^3y^2$

(4) $\dfrac{1}{2}ax^3 - \dfrac{2}{3}ax^2 + \dfrac{3}{4}ax$

(5) $\dfrac{5}{6}x^2z - \dfrac{2}{3}xyz + \dfrac{3}{4}xz^2$

(6) $\dfrac{5}{3}a^2bc + \dfrac{5}{6}ab^2c - 10ac$

2 多項式の形の共通因数

多項式の共通因数

共通因数は単項式だけでなく，多項式であることもある。その場合，共通因数となる多項式を **1つの文字に置き換えて**考えるとよい。

たとえば，$(a+1)x+(a+1)y$ を因数分解してみよう。

共通因数が $a+1$ であるから，$a+1=A$ とおくと，
$$(a+1)x+(a+1)y=Ax+Ay$$
となり，分配法則を使って，共通因数 A をくくり出すことができる。
よって，
$$(a+1)x+(a+1)y=A(x+y)$$
ここで，A を $a+1$ にもどして，
$$(a+1)x+(a+1)y=(a+1)(x+y)$$
と因数分解できる。

例題3 多項式の共通因数

次の式を因数分解せよ。
(1) $(x-2y)a-5(x-2y)$　　(2) $x^2(y+2)^2+4x^2y(y+2)$

解説 (1) $x-2y=X$ とおくと，
$$(x-2y)a-5(x-2y)=Xa-5X$$
となり，X をくくり出すことができる。

(2) $x^2(y+2)=X$ とおくと，
$$x^2(y+2)^2+4x^2y(y+2)=X(y+2)+4yX$$
となり，X をくくり出すと，$X\{(y+2)+4y\}$ となる。
さらに，中かっこの中の同類項をまとめなければならないことに注意する。

解答 (1) $x-2y=X$ とおくと，
$$\begin{aligned}(x-2y)a-5(x-2y)&=Xa-5X\\&=X(a-5)\\&=(x-2y)(a-5)\\&=(a-5)(x-2y)\end{aligned}$$

　X をくくり出す
　X を $x-2y$ にもどす

(2) $x^2(y+2)=X$ とおくと，
$$\begin{aligned}x^2(y+2)^2+4x^2y(y+2)&=X(y+2)+4yX\\&=X\{(y+2)+4y\}\\&=X(5y+2)\\&=x^2(y+2)(5y+2)\end{aligned}$$

　X をくくり出す
　中かっこの中を整理する
　X を $x^2(y+2)$ にもどす

注意 (1) 本書では，見やすくするためにアルファベット順に整理して，$(a-5)(x-2y)$ を答えとするが，$(x-2y)(a-5)$ を答えとしてもよい。

参考 (1) 慣れてきたら，頭の中で $x-2y$ を1つのものとみなして，
$$(x-2y)a-5(x-2y)=(x-2y)(a-5)$$
とすぐに $x-2y$ をくくり出すとよい。(2)も同様である。

参考 (2) 次のように2段階で共通因数をくくり出してもよい。すなわち，先に $y+2$ だけを共通因数としてくくり出し，つぎに共通因数 x^2 をくくり出す。

$$x^2(y+2)^2+4x^2y(y+2)$$
$$=(y+2)\{x^2(y+2)+4x^2y\} \quad)\; y+2 \text{ をくくり出す}$$
$$=(y+2)\cdot x^2\{(y+2)+4y\} \quad)\; \text{中かっこの中の } x^2 \text{ をくくり出す}$$
$$=x^2(y+2)(5y+2) \quad\qquad\qquad)\; \text{中かっこの中を整理する}$$

演習問題

3 次の式を因数分解せよ。
(1) $2a(x+y)+3b(x+y)$ 　　(2) $(a+b)x-2(a+b)y$
(3) $5a(x-y)-(x-y)$ 　　　(4) $x(x-1)+3(x-1)$
(5) $ab(m+n)+cd(m+n)$ 　(6) $2p(x-2)+4(x-2)$
(7) $(x-y)^2+z(x-y)$ 　　　(8) $(a+b)^2+2a(a+b)$
(9) $x^2(x-y)^2+x^3(x-y)$

4 次の式を因数分解せよ。
(1) $(2x+y)(a-b)+(x+2y)(a-b)$
(2) $(2x-y)(a+b)-(y-x)(a+b)$
(3) $(x^2-x+1)^2+2x(x^2-x+1)$ 　(4) $12(y+2)^3-15(y+2)^2$
(5) $12x^2(a+b)^2+6xy(a+b)^2$ 　 (6) $(a+b)x-(a+b)y+(a+b)z$

● **共通因数を見つける**

かっこを使うと，
$$-a+b=-(a-b),\qquad -a-b=-(a+b)$$
などが成り立つ。共通因数がないように見えるときでも，このことを利用して，共通因数を見つけることができることもある。

たとえば，$(a+b)c-3a-3b$ では，
$$(a+b)c-3a-3b=(a+b)c-3(a+b)$$
となり，$a+b$ が共通因数となるから，
$$(a+b)c-3a-3b=(a+b)(c-3)$$
と因数分解することができる。

例題4 多項式の共通因数を見つける

次の式を因数分解せよ。
(1) $a(x-y)-b(y-x)$
(2) $y(x-1)-x+1$
(3) $ab-ac-2b+2c$
(4) ** $x^3-\dfrac{1}{2}x^2+\dfrac{1}{4}x-\dfrac{1}{8}$

解説 共通因数がないように見えるが，かっこを利用することにより，共通因数を見つけることができる。

(1) ポイントは，$y-x=-(x-y)$ の変形である。
(2) $-x+1=-(x-1)$ と変形できる。$x-1$ と $-x+1$ のように，各項の符号がそれぞれ異なる式は，同じ因数であると考えられる。
(3) $ab-ac=a(b-c)$，$-2b+2c=-2(b-c)$ とすると，共通因数 $b-c$ が見えてくる。
(4) 係数に分数を含むときは，各項の分母の最小公倍数を分母とし，各項の分子の最大公約数を分子とする分数をくくり出し，かっこの中の係数がすべて整数になるようにする。

この問題では，$\dfrac{1}{8}$ をくくり出すと，$x^3-\dfrac{1}{2}x^2+\dfrac{1}{4}x-\dfrac{1}{8}=\dfrac{1}{8}(8x^3-4x^2+2x-1)$

となる。ここで，$8x^3-4x^2=4x^2(2x-1)$ とすると，共通因数 $2x-1$ が見えてくる。

解答
(1) $a(x-y)-b(y-x)=a(x-y)-b\{-(x-y)\}$
$=a(x-y)+b(x-y)$
$=(a+b)(x-y)$

(2) $y(x-1)-x+1=y(x-1)-(x-1)=(x-1)(y-1)$

(3) $ab-ac-2b+2c=a(b-c)-2(b-c)=(a-2)(b-c)$

(4) $x^3-\dfrac{1}{2}x^2+\dfrac{1}{4}x-\dfrac{1}{8}=\dfrac{1}{8}(8x^3-4x^2+2x-1)=\dfrac{1}{8}\{4x^2(2x-1)+(2x-1)\}$
$=\dfrac{1}{8}(2x-1)(4x^2+1)$

注意 (4) $4x^2+1$ は，これ以上因数分解できない。

演習問題

5 次の式を因数分解せよ。
(1) $a(x-y)+b(y-x)$
(2) $a(x-1)-b(1-x)$
(3) $(a-b)x+(b-a)y$
(4) $(x-1)^2-x+1$
(5) $a(x+y)-bx-by$
(6) $ab+ac-b-c$
(7) $ax+bx+ac+bc$
(8) $a^2-ab+ac-bc$
(9) ** a^3+2a^2+4a+8
(10) ** $p^3-\dfrac{1}{3}p^2+\dfrac{1}{9}p-\dfrac{1}{27}$

総合問題

1 次の式を因数分解せよ。
(1) $abx - aby$
(2) $6xy - 3y^2$
(3) $5ab - 5a$
(4) $-2a^2 + 6ab$
(5) $2x^2y^2 + 5x^3yz$
(6) $-8xy^2z - 16xyz^2$

2 次の式を因数分解せよ。
(1) $\dfrac{4}{5}x^2y - \dfrac{5}{6}xy^2$
(2) $-\dfrac{1}{3}a^2b^2c^2 + \dfrac{1}{2}abc$
(3) $-\dfrac{6}{7}x^4y - \dfrac{3}{4}x^3y^2$
(4) $\dfrac{3}{8}x^5y^2z^2 + \dfrac{5}{6}x^4y^3z^3$

3 次の式を因数分解せよ。
(1) $a^2 + ab + a$
(2) $5ab - 10ac + 15a$
(3) $-8x^2yz + 12xy^2z - 16xyz^2$
(4) $-p^2q - pq^2 - pq$
(5) $\dfrac{1}{6}a^2bc - ab^2c + \dfrac{1}{4}abc^2$
(6) $\dfrac{1}{2}x^2y^3z^4 + \dfrac{1}{5}x^3y^4z^2 - \dfrac{1}{4}x^4y^2z^3$

4 次の式を因数分解せよ。
(1) $2a(b+c) - 7b(b+c)$
(2) $(a-x)^2 - (a-x)(2a+x)$
(3) $p(a-b) + (a-b)^2$
(4) $a^2b(x-y) + ab^2(y-x)$

5 次の式を因数分解せよ。
(1) $(a+2)x - a - 2$
(2) $(x+y)z - x - y$
(3) $a(x-1) + 1 - x$
(4) $x^2y - xy^2 - (x-y)$

6 次の式を因数分解せよ。
(1) $(x+y)^2(x-y) - (x+y)(x-y)^2$
(2) $(2a-1)x - (1-2a)$
(3) $x(x+y-1) - y(1-x-y)$

7 次の式を因数分解せよ。
(1) $xy - x + y - 1$
(2) $ax - by - ay + bx$
(3) $x^2 + x + ax + a$
(4)** $x^3 + x^2 + x + 1$
(5)** $x^3 + ax^2 + a^2x + a^3$
(6)** $x^3 - x^2 + 2x - 2$
(7)** $\dfrac{1}{6}ay + \dfrac{1}{4}by - \dfrac{3}{2}a - \dfrac{9}{4}b$
(8)** $-\dfrac{1}{6}x^3 + \dfrac{1}{3}x^2 - \dfrac{1}{2}x + 1$

3章 公式の利用

　因数分解の根本原理は分配法則であるから，2章で学んだように，整式の各項に共通因数を見つけることができるときは分配法則を使って共通因数をくくり出すことで因数分解はできる。共通因数が見つかりにくいときは，展開で利用した乗法公式の左辺と右辺を入れかえて，因数分解の公式として利用すると，容易にできることもある。

　この章では，公式を利用する因数分解を学習しよう。

1　完全平方式

　2次3項式は，ある文字について2次の項，1次の項，定数項の3つの項の和として表される整式である。すなわち，x についての2次3項式は，p が 0 でないとき，px^2+qx+r の形の整式である。

　たとえば，x^2+2x+1 の因数分解を考えよう。
$$x^2+2x+1=x^2+x+x+1=x(x+1)+(x+1)$$
と変形できるから，共通因数は $x+1$ であり，
$$\begin{aligned}x^2+2x+1&=x(x+1)+1\times(x+1)\\&=(x+1)(x+1)\\&=(x+1)^2\end{aligned}$$
と因数分解できる。

　一方，乗法公式より，
$$(x+1)^2=x^2+2x+1$$
であるから，この式の左辺と右辺を入れかえると，
$$x^2+2x+1=(x+1)^2$$
となり，ただちに因数分解できることがわかる。

　このように，ある整式の平方となるような式を**完全平方式**という。乗法公式
$$(a+b)^2=a^2+2ab+b^2,\qquad (a-b)^2=a^2-2ab+b^2$$
より，完全平方式の因数分解は次の公式を利用する。

●因数分解の公式 1

$$a^2+2ab+b^2=(a+b)^2 \quad \text{（和の完全平方式の公式）}$$
$$a^2-2ab+b^2=(a-b)^2 \quad \text{（差の完全平方式の公式）}$$

例 $x^2-6x+9=x^2-2\cdot x\cdot 3+3^2$
$\qquad\qquad\qquad =(x-3)^2$

$\boxed{\begin{array}{l}x^2-2\cdot x\cdot 3+3^2=(x-3)^2\\ a^2-2ab+b^2=(a-b)^2\end{array}}$

問1 次の式を因数分解せよ。
(1) x^2+4x+4 　　(2) x^2-2x+1 　　(3) $a^2-12a+36$
(4) $t^2+10t+25$ 　(5) $16x^2-8x+1$ 　(6) $25x^2-30x+9$

● 完全平方式

2次3項式で，両端の項（1つの文字について2次の項）の係数が平方数（ある整数の2乗）であるときは，完全平方式の公式が使えないか検討してみる。

たとえば，$9x^2-12xy+4y^2$ を因数分解してみよう。
$$9x^2=(3x)^2,\qquad 4y^2=(2y)^2$$
であるから，完全平方式の公式が使えるかどうかを考える。すなわち，$a=3x$, $b=2y$ として，$2ab$ に該当する項を確かめる。
$$2ab=2\times 3x\times 2y=12xy$$
となり，完全平方式の公式が適用できることがわかる。

したがって，
$$9x^2-12xy+4y^2=(3x)^2-2\cdot 3x\cdot 2y+(2y)^2$$
$$\qquad\qquad\qquad =(3x-2y)^2$$
と因数分解できる。

以上のことをまとめると，一般に，x と y についての2次3項式 $px^2+qxy+ry^2$ において，

(i) 両端の項の係数は平方数か。
　　　（$p=m^2$, $r=n^2$ となる数が存在するか）
(ii) 中央の項の係数を2で割って2乗したものが，両端の項の係数の積と等しいか。
　　　（$q=2mn$ となるか）

以上の2点を確かめて，完全平方式の公式を適用する。

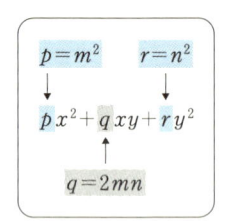

$\boxed{\begin{array}{c}p=m^2\quad r=n^2\\ \downarrow\qquad\downarrow\\ px^2+qxy+ry^2\\ \uparrow\\ q=2mn\end{array}}$

演習問題

1 次の式を因数分解せよ。
(1) $a^2-20ab+100b^2$ 　(2) $x^2+4xy+4y^2$ 　(3) $a^2-8ab+16b^2$
(4) $9x^2+6xy+y^2$ 　　(5) $9a^2+12ab+4b^2$ 　(6) $16x^2+40xy+25y^2$
(7) $81a^2-72ab+16b^2$ 　(8) $4s^2-28st+49t^2$ 　(9) $36p^2+60pq+25q^2$

例題1 完全平方式の因数分解①

次の式を因数分解せよ。

(1) $3x^2-18xy+27y^2$ 　　(2) $\dfrac{3}{2}x^2-4xy+\dfrac{8}{3}y^2$

[解説] (1) 両端の項が平方数でない場合でも，各項の係数の最大公約数が1でないときは，その最大公約数をくくり出してから，完全平方式の公式が適用できるかどうか確かめる。

この問題では，各項の係数がそれぞれ3と-18と27であるから，まず最大公約数3をくくり出し，
$$3x^2-18xy+27y^2=3(x^2-6xy+9y^2)$$
とし，つぎにかっこの中を見て，完全平方式の公式が適用できるかどうか確かめる。

(2) 係数に分数を含むときは，各項の分母の最小公倍数を分母とし，各項の分子の最大公約数を分子とする分数をくくり出すと，残ったかっこの中は，係数がすべて整数となる。そこで，完全平方式の公式が適用できるかどうか確かめる。

[解答] (1) $3x^2-18xy+27y^2=3(x^2-6xy+9y^2)$
$$=3\{x^2-2\cdot x\cdot 3y+(3y)^2\}$$
$$=3(x-3y)^2$$

(2) $\dfrac{3}{2}x^2-4xy+\dfrac{8}{3}y^2=\dfrac{1}{6}(9x^2-24xy+16y^2)$
$$=\dfrac{1}{6}\{(3x)^2-2\cdot 3x\cdot 4y+(4y)^2\}$$
$$=\dfrac{1}{6}(3x-4y)^2$$

[注意] (2)は，$3x-4y=3\left(x-\dfrac{4}{3}y\right)$ を利用して得られる $\dfrac{3}{2}\left(x-\dfrac{4}{3}y\right)^2$ を答えとしてもよい。このように，係数に分数を含む式の因数分解は，結果がただ1つに定まらない。

演習問題

2 次の式を因数分解せよ。

(1) $2x^2+4x+2$ 　(2) $16x^2-16x+4$ 　(3) $-9x^2+6x-1$

(4) $-x^2+8xy-16y^2$ 　(5) $2a^2+12ab+18b^2$ 　(6) $x^2+1.4x+0.49$

(7) $\dfrac{1}{2}x^2-3x+\dfrac{9}{2}$ 　(8) $x^2+x+\dfrac{1}{4}$ 　(9) $x^2+5x+\dfrac{25}{4}$

(10) $\dfrac{x^2}{4}-\dfrac{xy}{3}+\dfrac{y^2}{9}$ 　(11) $2x^2-2xy+\dfrac{y^2}{2}$ 　(12) $\dfrac{7}{2}s^2+6st+\dfrac{18}{7}t^2$

例題2　完全平方式の因数分解②

次の□の中に正の数を入れて，完全平方式となるようにせよ。

(1)　$25x^2+\square x+16$　　　(2)　$9x^2-42xy+\square y^2$

(3)　$\square x^2-2x+4$

[解説]　整式の平方になっている式が完全平方式であるから，公式
$$a^2+2ab+b^2=(a+b)^2$$
$$a^2-2ab+b^2=(a-b)^2$$
と比べて，a，b に該当するものを見つければよい。

(1)　$25x^2=(5x)^2$，$16=4^2$ であるから，$a=5x$，$b=4$ とすればよい。
　　このとき，$2ab=2\times 5x\times 4$ となる。

(2)　$9x^2=(3x)^2$ であるから，$a=3x$ とすればよい。
　　つぎに，$42xy=2ab$ とすると，$2ab=2\times 3x\times b$ であるから，$42xy=6xb$ となる。
　　よって，$b=7y$ となり，$b^2=(7y)^2$ より，求める数が得られる。

(3)　$b^2=4$ より $b>0$ として，$b=2$ である。
　　つぎに，1次の項が $-2x$ であるから，$2x=2ab$ とすると，$2ab=2\times a\times 2$ であるから，$2x=4a$ となる。
　　よって，$a=\dfrac{1}{2}x$ となり，$a^2=\left(\dfrac{1}{2}x\right)^2$ より，求める数が得られる。

[解答]　(1)　$25x^2+40x+16=(5x+4)^2$　　ゆえに，求める数は 40

(2)　$9x^2-42xy+49y^2=(3x-7y)^2$　　ゆえに，求める数は 49

(3)　$\dfrac{1}{4}x^2-2x+4=\left(\dfrac{1}{2}x-2\right)^2$　　ゆえに，求める数は $\dfrac{1}{4}$

演習問題

3　次の□の中に正の数を入れて，正しい等式となるようにせよ。

(1)　$x^2+8x+\square=(x+\square)^2$　　(2)　$x^2-10x+\square=(x-\square)^2$

(3)　$a^2-\square a+49=(a-\square)^2$　　(4)　$64x^2+48x+\square=(8x+\square)^2$

4　次の□の中に正の数を入れて，完全平方式となるようにせよ。

(1)　$a^2+\square ab+\dfrac{1}{16}b^2$　　(2)　$\square x^2-20x+25$　　(3)　$x^2+x+\square$

(4)　$9a^2-2a+\square$　　(5)　$x^2+3xy+\square y^2$　　(6)　$49a^2-\square a+\dfrac{9}{4}$

(7)　$a^2-\dfrac{1}{5}a+\square$　　(8)　$\square x^2-5xy+25y^2$　　(9)　$\square x^2+8xy+4y^2$

● 共通因数と置き換え

2章で学んだように共通因数をくくり出してから，完全平方式の公式を使う因数分解もある。また，式の一部を1つの文字に置き換えると，完全平方式の公式が使える因数分解もある。

たとえば，$ax^2+2ax+a$ は，すべての項に a があるから，a が共通因数となる。したがって，a をくくり出すと，
$$ax^2+2ax+a=a(x^2+2x+1)$$
となる。
$$x^2+2x+1=(x+1)^2$$
であるから，
$$ax^2+2ax+a=a(x+1)^2$$
と因数分解できる。

また，$(x+1)^2+2(x+1)+1$ は，$x+1$ を1つの文字と考えて，$x+1=X$ とおくと，
$$(x+1)^2+2(x+1)+1=X^2+2X+1$$
となるから，
$$(x+1)^2+2(x+1)+1=(X+1)^2$$
となる。ここで，X を $x+1$ にもどすと，$\{(x+1)+1\}^2$ となることから，
$$(x+1)^2+2(x+1)+1=(x+2)^2$$
と因数分解できる。

例題3 共通因数のある完全平方式の因数分解

x^3-6x^2+9x を因数分解せよ。

[解説] x^3-6x^2+9x は，すべての項に x があるから，まず共通因数 x をくくり出す。つぎに完全平方式の公式を適用する。

[解答] $x^3-6x^2+9x=x(x^2-6x+9)=x(x-3)^2$

演習問題

5 次の式を因数分解せよ。

(1) $ax^2-20ax+100a$

(2) x^3+16x^2+64x

(3) $4x^4-12x^3+9x^2$

(4) $x^3y+12x^2y^2+36xy^3$

(5) $\dfrac{3}{4}a^3-6a^2+12a$

(6) $-\dfrac{3}{2}a^2x-2ax-\dfrac{2}{3}x$

(7) $\dfrac{1}{3}x^3-2x^2+3x$

(8) $2a^2b+2ab+\dfrac{1}{2}b$

(9) $x^2y^2+5xy^2+\dfrac{25}{4}y^2$

例題4　置き換えによる完全平方式の因数分解
次の式を因数分解せよ。
(1)　$a^2c^2+2abcd+b^2d^2$
(2)　$(a+b)^2-4(a+b)(c+d)+4(c+d)^2$

|解説|　(1)では，ac，bd をそれぞれ1つの文字と考える。$ac=A$，$bd=B$ とおくと，
$$a^2c^2+2abcd+b^2d^2=(ac)^2+2\cdot ac\cdot bd+(bd)^2=A^2+2AB+B^2$$
(2)では，$a+b$，$c+d$ をそれぞれ1つの文字と考える。$a+b=A$，$c+d=B$ とおくと，
$$(a+b)^2-4(a+b)(c+d)+4(c+d)^2=A^2-4AB+4B^2$$
となり，完全平方式の公式を適用できる。

|解答|　(1)　$ac=A$，$bd=B$ とおくと，
$$a^2c^2+2abcd+b^2d^2=A^2+2AB+B^2$$
$$=(A+B)^2$$
$$=(ac+bd)^2$$
　　　　A を ac に，B を bd にもどす

(2)　$a+b=A$，$c+d=B$ とおくと，
$$(a+b)^2-4(a+b)(c+d)+4(c+d)^2$$
$$=A^2-4AB+4B^2$$
$$=(A-2B)^2$$
$$=\{(a+b)-2(c+d)\}^2$$
$$=(a+b-2c-2d)^2$$
　　　　A を $a+b$ に，B を $c+d$ にもどす
　　　　小かっこをはずす

|注意|　慣れてきたら，頭の中で式の一部をそれぞれ1つのものとみなして，次のようにしてよい。
(1)　$a^2c^2+2abcd+b^2d^2=(ac)^2+2\cdot ac\cdot bd+(bd)^2$
$$=(ac+bd)^2$$
(2)　$(a+b)^2-4(a+b)(c+d)+4(c+d)^2=\{(a+b)-2(c+d)\}^2$
$$=(a+b-2c-2d)^2$$

演習問題

6　次の式を因数分解せよ。
(1)　$a^2b^2-2abcd+c^2d^2$
(2)　$x^2y^2+6xyz+9z^2$
(3)　$(x-1)^2+8(x-1)y+16y^2$
(4)　$4(x-y)^2-12(x-y)z+9z^2$
(5)　$a^2+4a(b-c)+4(b-c)^2$
(6)　$9(a+b)^2-12(a+b)c+4c^2$
(7)　$25(a-b)^2+40(a-b)(b-c)+16(b-c)^2$
(8)　$16(p-q)^2-24(p-q)(p+q)+9(p+q)^2$
(9)　$9(x+y)^2-6(x+y)(x-y)+(x-y)^2$

2 平方の差

● 平方の差

乗法公式
$$(a+b)(a-b)=a^2-b^2$$
より，a^2（a の平方）と b^2（b の平方）の差 a^2-b^2 の形の式は，a と b の和と差の積 $(a+b)(a-b)$ に因数分解できる。

――●因数分解の公式2――
$$a^2-b^2=(a+b)(a-b) \quad \text{（平方の差の公式）}$$

たとえば，x^2-9 の因数分解を考えよう。

$9=3^2$ であるから，上の公式で，$a=x$, $b=3$ と考えて，
$$x^2-9=x^2-3^2=(x+3)(x-3)$$
と因数分解できる。

$$x^2-3^2=(x+3)(x-3)$$
$$a^2-b^2=(a+b)(a-b)$$

問2 次の式を因数分解せよ。
(1) x^2-4 (2) x^2-1 (3) a^2-100 (4) p^2-49

例題5 平方の差

次の式を因数分解せよ。
(1) $25x^2-9y^2$ (2) $12x^2-27y^2$ (3) $-\dfrac{3}{4}x^2+\dfrac{4}{3}y^2$

解説 (1) $25x^2=(5x)^2$, $9y^2=(3y)^2$ であるから，平方の差の公式が適用できる。

(2) 12 と 27 の最大公約数 3 をくくり出すと，
$$12x^2-27y^2=3(4x^2-9y^2)$$
となり，平方の差の公式が適用できる。

(3) 係数に分数を含むときは，各項の分母の最小公倍数を分母とし，各項の分子の最大公約数を分子とする分数をくくり出し，かっこの中の係数がすべて整数になるようにする。

この問題では，$-\dfrac{1}{12}$ をくくり出すと，
$$-\dfrac{3}{4}x^2+\dfrac{4}{3}y^2=-\dfrac{1}{12}(9x^2-16y^2)$$
となり，平方の差の公式が適用できる。

解答 (1) $25x^2-9y^2=(5x)^2-(3y)^2$
$=(5x+3y)(5x-3y)$

(2) $12x^2-27y^2=3(4x^2-9y^2)$
$=3\{(2x)^2-(3y)^2\}$
$=3(2x+3y)(2x-3y)$

(3) $-\dfrac{3}{4}x^2+\dfrac{4}{3}y^2=-\dfrac{1}{12}(9x^2-16y^2)$
$=-\dfrac{1}{12}\{(3x)^2-(4y)^2\}$
$=-\dfrac{1}{12}(3x+4y)(3x-4y)$

注意 (1) 慣れてきたら，途中の式 $(5x)^2-(3y)^2$ は省略してもよい。

注意 (3) $-\dfrac{3}{4}x^2+\dfrac{4}{3}y^2=-3\left(\dfrac{1}{4}x^2-\dfrac{4}{9}y^2\right)=-3\left\{\left(\dfrac{1}{2}x\right)^2-\left(\dfrac{2}{3}y\right)^2\right\}$
$=-3\left(\dfrac{1}{2}x+\dfrac{2}{3}y\right)\left(\dfrac{1}{2}x-\dfrac{2}{3}y\right)$

と因数分解してもよい。

このように，係数に分数を含む式の因数分解は，結果がただ1つに定まらない。

演習問題

7 次の式を因数分解せよ。

(1) $16x^2-y^2$ (2) $25a^2-81b^2$ (3) $2x^2-50$

(4) $4x^2-16y^2$ (5) $2a^2-18b^2$ (6) $48x^2-3y^2$

(7) $\dfrac{a^2}{4}-\dfrac{b^2}{9}$ (8) $-\dfrac{4}{9}a^2+\dfrac{1}{16}b^2$ (9) $\dfrac{3x^2}{5}-\dfrac{5y^2}{3}$

● **共通因数と置き換え**

2章で学んだように共通因数をくくり出してから，平方の差の公式を使う因数分解もある。また，式の一部を1つの文字に置き換えると，平方の差の公式が使える因数分解もある。

例題6　共通因数のある平方の差

a^3-25a を因数分解せよ。

解説 a^3-25a は，すべての項に a があるから，まず共通因数 a をくくり出す。つぎに平方の差の公式を適用する。

解答 $a^3-25a=a(a^2-25)=a(a+5)(a-5)$

> **演習問題**

8　次の式を因数分解せよ。
(1) ax^2-100a
(2) x^3-36x
(3) $25x^4-9x^2$
(4) $49x^3y-36xy^3$
(5) $\dfrac{3}{2}a^3b-\dfrac{2}{3}ab^3$
(6) $\dfrac{3}{2}a^3-24a$

例題7　置き換えによる平方の差
$(x+2y)^2-(2x-y)^2$ を因数分解せよ。

[解説]　$x+2y$, $2x-y$ をそれぞれ1つの文字と考えて $x+2y=X$, $2x-y=Y$ とおくと,
$(x+2y)^2-(2x-y)^2=X^2-Y^2$
となり, 平方の差の公式が適用できる。

[解答]　$x+2y=X$, $2x-y=Y$ とおくと,
$(x+2y)^2-(2x-y)^2=X^2-Y^2$
$=(X+Y)(X-Y)$
$=\{(x+2y)+(2x-y)\}\{(x+2y)-(2x-y)\}$
$=(3x+y)(-x+3y)$
$=-(3x+y)(x-3y)$

[参考]　慣れてきたら, X, Y を使わずに,
$(x+2y)^2-(2x-y)^2=\{(x+2y)+(2x-y)\}\{(x+2y)-(2x-y)\}$
$=(3x+y)(-x+3y)$
$=-(3x+y)(x-3y)$
としてもよい。

[注意]　本書では, かっこの中に初めて出てくる項の係数を正とするために, $-x+3y=-(x-3y)$ より, $-(3x+y)(x-3y)$ を答えとするが, $(3x+y)(-x+3y)$ を答えとしてもよい。

> **演習問題**

9　次の式を因数分解せよ。
(1) $(x+2y)^2-y^2$
(2) $9a^2-(2b+c)^2$
(3) $(5x+1)^2-49x^2$
(4) $(2x+y)^2-(x+y)^2$
(5) $(3x+2y)^2-(2x-3y)^2$
(6) $(x+a)^2-(y+b)^2$
(7) $9(x+1)^2-4(x+2)^2$
(8) $16(x-2y)^2-49(x+y)^2$
(9) $(2a+b+c)^2-(a+b+c)^2$
(10) $(3x+2y-1)^2-(x-2y+3)^2$

例題8　式の一部を因数分解すると平方の差

次の式を因数分解せよ。
(1) $x^2-y^2+2yz-z^2$ 　　　(2) $x^2-y^2-z^2+2x-2yz+1$
(3)** $x^3-3x^2-9x+27$

[解説]　因数分解の基本は共通因数を探すことであるが、この問題では見つからない。そこで、項を組み合わせて、公式が適用できるかどうかを考える。

(1) $-y^2+2yz-z^2$ に着目すると、$-y^2+2yz-z^2=-(y^2-2yz+z^2)=-(y-z)^2$ であるから、$x^2-y^2+2yz-z^2=x^2-(y-z)^2$ となり、平方の差の公式を適用できる。

(2) $x^2-y^2-z^2+2x-2yz+1$ を x^2+2x+1 と $-y^2-z^2-2yz$ に分けて考えると、
$x^2-y^2-z^2+2x-2yz+1=(x^2+2x+1)-(y^2+2yz+z^2)=(x+1)^2-(y+z)^2$ となり、平方の差の公式を適用できる。

(3) $x^3-3x^2=x^2(x-3)$, $-9x+27=-9(x-3)$ とすると、共通因数 $x-3$ が見えてくる。$x-3$ をくくり出すと、平方の差の公式を適用できる。

[解答]　(1) $x^2-y^2+2yz-z^2=x^2-(y^2-2yz+z^2)=x^2-(y-z)^2$
$\qquad\qquad\qquad\qquad =\{x+(y-z)\}\{x-(y-z)\}$
$\qquad\qquad\qquad\qquad =(x+y-z)(x-y+z)$

(2) $x^2-y^2-z^2+2x-2yz+1=(x^2+2x+1)-(y^2+2yz+z^2)$
$\qquad\qquad\qquad\qquad\qquad =(x+1)^2-(y+z)^2$
$\qquad\qquad\qquad\qquad\qquad =\{(x+1)+(y+z)\}\{(x+1)-(y+z)\}$
$\qquad\qquad\qquad\qquad\qquad =(x+y+z+1)(x-y-z+1)$

(3) $x^3-3x^2-9x+27=x^2(x-3)-9(x-3)=(x-3)(x^2-9)$
$\qquad\qquad\qquad\qquad =(x-3)(x+3)(x-3)=(x-3)^2(x+3)$
$\qquad\qquad\qquad\qquad =(x+3)(x-3)^2$

[注意]　(3) 本書では、1次式を前にした $(x+3)(x-3)^2$ を答えとするが、$(x-3)^2(x+3)$ を答えとしてもよい。

演習問題

10　次の式を因数分解せよ。
(1) $x^2+2xy+y^2-z^2$ 　　　(2) $a^2+4ab+4b^2-1$
(3) $x^2-y^2-4yz-4z^2$ 　　　(4) $1+2x+x^2-y^2$
(5) $1+2xy-x^2-y^2$ 　　　(6) $x^2-y^2+z^2+2xz$
(7) $9a^2+6ab+b^2-c^2$ 　　　(8) $4x^2-12xy+9y^2-4z^2$
(9) x^2-y^2-4y-4 　　　(10) $9x^2-30xy+25y^2-36z^2$
(11) $49x^2-36y^2+12y-1$ 　　　(12) $25a^2-16b^2-24bc-9c^2$

11 次の式を因数分解せよ。
(1) $a^2+b^2-c^2-d^2+2ab-2cd$
(2) $a^2-b^2+c^2-d^2+2ac+2bd$
(3) $a^2-b^2-c^2+d^2-2ad-2bc$
(4) $x^2+4y^2-z^2+4xy-2z-1$
(5) $4x^2-y^2+z^2-4xz+4y-4$
(6) $4x^2-4y^2-z^2+8x+4yz+4$
(7) $9x^2+3y^2-4z^2-12xy-4yz$

12 ** 次の式を因数分解せよ。
(1) x^3+2x^2-4x-8
(2) x^3-x^2-x+1
(3) $27a^3+9a^2-3a-1$
(4) $s^3+s^2t-st^2-t^3$
(5) $x^3+\dfrac{1}{2}x^2-\dfrac{1}{4}x-\dfrac{1}{8}$
(6) $\dfrac{8a^3}{27}-\dfrac{4a^2}{9}-\dfrac{2a}{3}+1$

例題9 因数分解を再度検討する必要のある平方の差

次の式を因数分解せよ。
(1) x^4-y^4
(2) $16x^4-25y^4$

[解説] (1) $x^2=X$, $y^2=Y$ とおくと, 平方の差の公式が適用できる。
$$x^4-y^4=X^2-Y^2=(X+Y)(X-Y)=(x^2+y^2)(x^2-y^2)$$
となるが, $(x^2+y^2)(x^2-y^2)$ を答えにしてはいけない。x^2-y^2 はさらに因数分解できる。

因数分解では, 分解した因数がこれ以上因数分解できなくなるまで因数分解し, それを答えとしなければならない。

(2) 因数分解では, とくに断りがないときは, 係数は有理数の範囲で考える。この問題は(1)と似ているが, 有理数の範囲では1回しか因数分解できない（→p.36, 因数分解の範囲のコラム参照）。

[解答] (1) $x^4-y^4=(x^2)^2-(y^2)^2$
$=(x^2+y^2)(x^2-y^2)$
$=(x^2+y^2)(x+y)(x-y)$
$=(x+y)(x-y)(x^2+y^2)$

(2) $16x^4-25y^4=(4x^2)^2-(5y^2)^2$
$=(4x^2+5y^2)(4x^2-5y^2)$

演習問題

13 次の式を因数分解せよ。

(1) $a^4 - 1$ (2) $16x^4 - 81y^4$ (3) $a^6 - b^4$

(4) $49x^4 - 81y^4$ (5) $16x^4 - y^8$ (6) $a^8 - b^8$

コラム　因数分解の範囲

前ページの例題9の解説のように，因数分解は，とくに断りがないときは，係数は有理数の範囲で因数分解します。

たとえば，$4x^2 - 5y^2$ は，有理数の範囲ではこれ以上因数分解できませんが，係数を実数の範囲とすると，

$$5y^2 = (\sqrt{5}\,y)^2$$

ですから，

$$4x^2 - 5y^2 = (2x)^2 - (\sqrt{5}\,y)^2$$
$$= (2x + \sqrt{5}\,y)(2x - \sqrt{5}\,y)$$

と因数分解できることになります。

通常の因数分解は，「係数は有理数の範囲で」因数分解するということであり，この言葉が省略されていると考えるのです。

係数が整数である整式が，有理数の範囲で因数分解できるならば，整数の範囲で因数分解できる，ということが知られています（→p.91）。

たとえば，$4x^2 - y^2$ は，係数を有理数の範囲とすると，

$$4x^2 - y^2 = 4\left(x + \frac{1}{2}y\right)\left(x - \frac{1}{2}y\right)$$

と因数分解することもできますが，係数を整数の範囲とすると，

$$4x^2 - y^2 = (2x + y)(2x - y)$$

となります。

このように，係数が整数である整式の因数分解は，有理数の範囲で考える必要はなく，係数が整数である整式に因数分解できるかどうかを考えればよいことになります。

注意 2乗すると5になる数を5の**平方根**といい，そのうち正であるものを $\sqrt{5}$ と書きます。

2つの整数の比の値で表すことのできる数を**有理数**といい，そうでない数を**無理数**といいます。$\sqrt{5}$ は無理数であることが知られています。

3 2次3項式

2次3項式

2次3項式の中には，1節で学んだように，完全平方式になるものもあるが，すべての2次3項式が完全平方式になるとは限らない。

たとえば，x^2+3x+2 は x についての2次3項式であり，2次の項は x^2，1次の項は $3x$，定数項は 2 であり，この式は完全平方式ではない。このように，2次の項の係数が1である整式 x^2+px+q で完全平方式でない整式の因数分解を，この節では学習する。

2次3項式 x^2+px+q を因数分解するときの基本となる公式は，乗法公式
$$(x+a)(x+b)=x^2+(a+b)x+ab$$
の左辺と右辺を入れかえたものである。

──●因数分解の公式3──
$$x^2+(a+b)x+ab=(x+a)(x+b) \quad （2次3項式の公式）$$

x^2+3x+2 を因数分解してみよう。
x^2+3x+2 を $x^2+(a+b)x+ab$ と比べて，
$$a+b=3, \quad ab=2$$
となるような2数 a，b を見つける。

$$x^2+\ 3x\ +2$$
$$x^2+(a+b)x+ab$$

まず，定数項に着目して，$ab=2$ となる整数 a，b の候補を考える。a と b を入れかえても ab の値は変わらないので，$a<b$ とすると，$ab=2$ となる整数 a，b の候補は，
$$\begin{cases} a=1 \\ b=2 \end{cases} \quad \begin{cases} a=-2 \\ b=-1 \end{cases}$$
の2通りある。

つぎに，1次の項の係数を見ると，$a+b=3$ であるから，$a=1$，$b=2$ となる。したがって，
$$x^2+3x+2=(x+1)(x+2)$$
と因数分解できる。

注意 前ページのコラムより，係数が整数である整式が因数分解できるとき，整数の範囲で因数分解できるから，a，b は整数のみを考えればよい。

問3 次の式を因数分解せよ。
(1) x^2+4x+3 　　(2) x^2-3x+2 　　(3) a^2-6a+5
(4) t^2+5t+4 　　(5) a^2-8a+7 　　(6) p^2+7p+6

2次の項の係数が1である2次3項式 x^2+px+q の因数分解は，公式 $x^2+(a+b)x+ab=(x+a)(x+b)$ を利用して，次の手順で行う。

(i) 定数項 q を見て，整数 a, b の候補を考える。
(ii) 1次の項の係数 p を見て，a, b を確定させる。

たとえば，$x^2+8x+12$ を因数分解してみよう。

(i) 定数項は 12 であるから，$ab=12$ となる整数 a, b ($a<b$ とする) の候補は，

$\begin{cases}a=1\\b=12\end{cases}$, $\begin{cases}a=2\\b=6\end{cases}$, $\begin{cases}a=3\\b=4\end{cases}$,

$\begin{cases}a=-4\\b=-3\end{cases}$, $\begin{cases}a=-6\\b=-2\end{cases}$, $\begin{cases}a=-12\\b=-1\end{cases}$

a	×	b	=12
1	×	12	=12
2	×	6	=12
3	×	4	=12
(−4)	×	(−3)	=12
(−6)	×	(−2)	=12
(−12)	×	(−1)	=12

(ii) この中で，$a+b=8$ となるのは $a=2$, $b=6$ である。

したがって，
$$x^2+8x+12=(x+2)(x+6)$$
と因数分解できる。

例題10 　2次3項式の因数分解

次の式を因数分解せよ。
(1) x^2+2x-8 　　　　(2) x^2-x-30

解説　定数項が負である場合も，定数項が正である場合と同様に考える。

(1) (i) 定数項は -8 であるから，$ab=-8$ となる整数 a, b ($a<b$) の候補は，

$\begin{cases}a=-8\\b=1\end{cases}$, $\begin{cases}a=-4\\b=2\end{cases}$, $\begin{cases}a=-2\\b=4\end{cases}$, $\begin{cases}a=-1\\b=8\end{cases}$

(ii) この中で，$a+b=2$ となるのは $a=-2$, $b=4$ である。

(2) (i) 定数項は -30 であるから，$ab=-30$ となる整数 a, b ($a<b$) の候補は，

$\begin{cases}a=-30\\b=1\end{cases}$, $\begin{cases}a=-15\\b=2\end{cases}$, $\begin{cases}a=-10\\b=3\end{cases}$, $\begin{cases}a=-6\\b=5\end{cases}$,

$\begin{cases}a=-5\\b=6\end{cases}$, $\begin{cases}a=-3\\b=10\end{cases}$, $\begin{cases}a=-2\\b=15\end{cases}$, $\begin{cases}a=-1\\b=30\end{cases}$

(ii) この中で，$a+b=-1$ となるのは $a=-6$, $b=5$ である。

解答　(1) $x^2+2x-8=(x-2)(x+4)$
(2) $x^2-x-30=(x-6)(x+5)$

● 2次の項の係数が1である2次3項式

2次の項の係数が1である2次3項式 x^2+px+q を
$$x^2+px+q=(x+a)(x+b)$$
と因数分解したいとすると，
$$x^2+px+q=x^2+(a+b)x+ab$$
であるから，
$$a+b=p, \quad ab=q$$
となるような2数 a, b を見つければよい。

$$x^2+\ px\ +\ q$$
$$x^2+(a+b)x+ab=(x+a)(x+b)$$

まず，定数項 q を見て，整数 a, b の候補を考える。

(1) 定数項 q が正であるとき

$x^2+8x+12$ のように，定数項 q が正であるとき，2数 a, b は積が正（$ab=q>0$）であるから，同符号である。

1次の項の係数 p が正であるときは，和が正（$a+b=p>0$）であるから，a, b はともに正である。

このように，定数項 q が正であり1次の項の係数 p が正であるとき，2数 a, b は負の数を考える必要はない。したがって，$x^2+8x+12$ では，$a<b$ とすると，整数 a, b の候補は定数項12の約数の組6通りの中から，
$$\begin{cases}a=1\\b=12\end{cases}, \quad \begin{cases}a=2\\b=6\end{cases}, \quad \begin{cases}a=3\\b=4\end{cases}$$
の3通りを考えればよいことになる。

また，1次の項の係数 p が負であるときは，和が負（$a+b=p<0$）であるから，a, b はともに負である。

(2) 定数項 q が負であるとき

x^2-x-30 のように，定数項 q が負であるとき，2数 a, b は積が負（$ab=q<0$）であるから，a, b のどちらかが正で，もう一方は負である。

1次の項の係数 p が負であるときは，和が負（$a+b=p<0$）であるから，$a<b$ とすると，a は負，b は正で，a の絶対値は b の絶対値より大きい。したがって，x^2-x-30 では，整数 a, b の候補は定数項 -30 の約数の組8通りの中から，
$$\begin{cases}a=-30\\b=1\end{cases}, \quad \begin{cases}a=-15\\b=2\end{cases}, \quad \begin{cases}a=-10\\b=3\end{cases}, \quad \begin{cases}a=-6\\b=5\end{cases}$$
の4通りを考えればよいことになる。

このように，定数項 q に約数が多いとき，定数項や1次の項の係数の符号に着目すると，整数 a, b の候補を減らすことができる。

また，1次の項の係数 p が比較的小さいときは，a と b の絶対値の差は小さくなる。したがって，x^2-x-30 では，
$$\begin{cases} a=-30 \\ b=1 \end{cases}, \quad \begin{cases} a=-15 \\ b=2 \end{cases}$$
などは除外して考えてよい。

慣れてきたら，$ab=q$ となる整数 a, b について，すべての候補を確かめる必要はなく，$a+b=p$ となる a, b の見当をつけて，それが正しいことを確かめればよい。

参考　$-10 \times 3=-30$ は $-10+3=-7$ となるので x^2-x-30 の因数分解とは関係ないが，これは，
$$x^2-7x-30=(x-10)(x+3)$$
と因数分解できることを意味している。

注意　2次3項式 x^2+px+q は，どんな式も必ず因数分解できるとは限らない。たとえば，x^2+4x+2 では，$a+b=4$, $ab=2$ となる2数 a, b を見つけなければならない。$ab=2$ $(a<b)$ となる整数 a, b の候補は $\begin{cases} a=1 \\ b=2 \end{cases}$ か $\begin{cases} a=-2 \\ b=-1 \end{cases}$ しかないが，どちらも $a+b=4$ とはならない。したがって，x^2+4x+2 は，整数の範囲では因数分解できない。また，有理数の範囲でも因数分解できない（→p.36，因数分解の範囲のコラム参照）。

以上のことをまとめると，p と q が整数であるとき，x^2+px+q の形の式で因数分解できるものには，$ab=q$ となる整数 a, b $(a<b)$ の中に $a+b=p$ となるものが存在する。また，$ab=q$ となる整数 a, b $(a<b)$ の中に $a+b=p$ となるものが存在しないときには，x^2+px+q は有理数の範囲では因数分解できない。

演習問題

14　次の式を因数分解せよ。

(1)　$x^2+8x+15$　　(2)　$x^2+10x+24$　　(3)　$a^2+2a-15$

(4)　a^2-a-20　　(5)　$x^2-20x-21$　　(6)　$x^2+5x-36$

(7)　$x^2-4x-21$　　(8)　y^2-y-6　　(9)　$a^2-2a-15$

(10)　$x^2-13x+36$　　(11)　$x^2-11x+30$　　(12)　$x^2-16x-36$

(13)　$a^2-29a+100$　　(14)　$x^2-13x-30$　　(15)　$x^2-20x+36$

(16)　$a^2-25a+100$　　(17)　$a^2-21a-100$　　(18)　$a^2+15a-100$

例題11 x と y についての2次3項式の因数分解

$x^2+8xy-20y^2$ を因数分解せよ。

解説 $x^2+8xy-20y^2$ は，x と y についての2次3項式である。この式が，
$$x^2+8xy-20y^2=(x+ay)(x+by)$$
と因数分解できたとする。この場合の a，b は，y を除いた x についての2次3項式
$$x^2+8x-20=(x+a)(x+b)$$
の a，b と同じものになると考える。

解答 $x^2+8xy-20y^2=(x-2y)(x+10y)$

注意 数を見つけることにだけ気を取られ，$(x-2y)(x+10y)$ の y を忘れて $(x-2)(x+10)$ と答えてしまうことがよくあるので注意する。

$x^2+8xy-20y^2$
↓ yを除いて，因数分解
$x^2+8x-20=(x-2)(x+10)$
↓ yをつけ加える
$x^2+8xy-20y^2=(x-2y)(x+10y)$

x と y についての2次3項式 $x^2+pxy+qy^2$ を，
$$x^2+pxy+qy^2=(x+ay)(x+by)$$
と因数分解したいとすると，
$$x^2+pxy+qy^2=x^2+(a+b)xy+aby^2$$
であるから，
$$a+b=p, \quad ab=q$$
となるような2数 a，b を見つければよい。

この場合の a，b は，y を除いた x についての2次3項式
$$x^2+px+q=(x+a)(x+b)$$
を考えて a，b を求める。答えには y をつけ加えること。

$x^2+(a+b)xy+aby^2$
↓ yを除いて，因数分解
$x^2+(a+b)x+ab=(x+a)(x+b)$
↓ yをつけ加える
$x^2+(a+b)xy+aby^2=(x+ay)(x+by)$

演習問題

15 次の式を因数分解せよ。

(1) $x^2+3xy+2y^2$ (2) $x^2+5xy-50y^2$ (3) $x^2+6xy+5y^2$

(4) $x^2-4xy-12y^2$ (5) $x^2-xy-42y^2$ (6) $x^2+12xy+11y^2$

(7) $a^2+ab-56b^2$ (8) $p^2+7pq+12q^2$ (9) $m^2-2mn-48n^2$

(10) $s^2-17st+60t^2$ (11) $x^2+14xy+45y^2$ (12) $s^2-st-56t^2$

(13) $s^2+18st+56t^2$ (14) $x^2-14xy-32y^2$ (15) $x^2-65xy+300y^2$

● **共通因数と置き換え**

2章で学んだように共通因数をくくり出してから，2次3項式の公式を使う因数分解もある。また，式の一部を1つの文字に置き換えると，2次3項式の公式が使える因数分解もある。

例題12 数をくくり出す2次3項式の因数分解

次の式を因数分解せよ。
(1) $3x^2+24x+45$　　　(2) $10-3x-x^2$
(3) $-\dfrac{1}{6}a^2+\dfrac{1}{3}a+4$

|解説| (1) 係数と定数項がすべて3の倍数であるので，最大公約数の3をくくり出してから2次3項式の因数分解をする。
(2) まず式を降べきの順に整理すると，$-x^2-3x+10$ となる。ここで，x^2 の係数が -1 であることに着目して，-1 をくくり出してから2次3項式の因数分解をする。
(3) 係数に分数があるときは，各項の分母の最小公倍数を分母とし，各項の分子の最大公約数を分子とする分数をくくり出す。この問題では，$-\dfrac{1}{6}$ をくくり出す。

|解答| (1) $3x^2+24x+45=3(x^2+8x+15)=3(x+3)(x+5)$
(2) $10-3x-x^2=-x^2-3x+10=-(x^2+3x-10)=-(x-2)(x+5)$
(3) $-\dfrac{1}{6}a^2+\dfrac{1}{3}a+4=-\dfrac{1}{6}(a^2-2a-24)=-\dfrac{1}{6}(a-6)(a+4)$

例題13 共通因数のある2次3項式の因数分解

$ab^2-6ab-16a$ を因数分解せよ。

|解説| a が共通因数であるので，a をくくり出してから2次3項式の因数分解をする。
|解答| $ab^2-6ab-16a=a(b^2-6b-16)=a(b-8)(b+2)$

演習問題

16 次の式を因数分解せよ。
(1) $2x^2+6x+4$　　(2) $4x^2+16x-48$　　(3) $3x^2-6xy-24y^2$
(4) $6a^2+6ab-72b^2$　　(5) $4x^2-12xy-16y^2$　　(6) $5a^2-50ab+80b^2$

17 次の式を因数分解せよ。
(1) $-x^2+10x-16$　　(2) $40-3p-p^2$　　(3) $8y^2-2xy-x^2$
(4) $9b^2-a^2+8ab$　　(5) $32y^2+4xy-x^2$　　(6) $-a^2+16b^2+6ab$

18 次の式を因数分解せよ。

(1) $\dfrac{1}{6}x^2+\dfrac{1}{6}x-\dfrac{1}{3}$ (2) $-\dfrac{1}{30}x^2+\dfrac{1}{6}x+\dfrac{1}{5}$

(3) $-\dfrac{1}{12}x^2-\dfrac{1}{2}xy-\dfrac{2}{3}y^2$ (4) $\dfrac{1}{8}x^2-3xy+10y^2$

19 次の式を因数分解せよ。

(1) $ab^2-19ab+60a$ (2) $x^2z-8xyz+12y^2z$

(3) $-ab^2+2ab+35a$ (4) $-3xy^2-18xyz+48xz^2$

例題14 置き換えによる2次3項式の因数分解

次の式を因数分解せよ。
(1) $x^3yz+3x^2yz^2-54xyz^3$ (2) $p^2x^2+pqxy-6q^2y^2$
(3) $(x^2-x)^2-(x^2-x)-2$

[解説] 式の一部を1つの文字とみなすと，2次3項式の公式が利用できる。

(1) $xyz=X$ とおくと，
$$x^3yz+3x^2yz^2-54xyz^3=xyz\cdot x^2+xyz\cdot 3xz-xyz\cdot 54z^2$$
$$=Xx^2+X\cdot 3xz-X\cdot 54z^2=X(x^2+3xz-54z^2)$$

(2) $px=X$, $qy=Y$ とおくと，
$$p^2x^2+pqxy-6q^2y^2=(px)^2+px\cdot qy-6(qy)^2=X^2+XY-6Y^2$$

(3) $x^2-x=X$ とおくと，
$$(x^2-x)^2-(x^2-x)-2=X^2-X-2$$

[解答] (1) $xyz=X$ とおくと，
$$x^3yz+3x^2yz^2-54xyz^3=Xx^2+X\cdot 3xz-X\cdot 54z^2$$
$$=X(x^2+3xz-54z^2)$$ 〉Xをくくり出す
$$=X(x-6z)(x+9z)$$ 〉かっこの中を因数分解
$$=xyz(x-6z)(x+9z)$$ 〉Xをxyzにもどす

(2) $px=X$, $qy=Y$ とおくと，
$$p^2x^2+pqxy-6q^2y^2=X^2+XY-6Y^2$$
$$=(X-2Y)(X+3Y)$$ 〉因数分解
$$=(px-2qy)(px+3qy)$$ 〉Xをpxに，Yをqyにもどす

(3) $x^2-x=X$ とおくと，
$$(x^2-x)^2-(x^2-x)-2=X^2-X-2$$
$$=(X-2)(X+1)$$ 〉因数分解
$$=(x^2-x-2)(x^2-x+1)$$ 〉Xをx^2-xにもどす
$$=(x-2)(x+1)(x^2-x+1)$$ 〉さらに因数分解

参考 慣れてきたら，X, Y を使わずに次のようにしてもよい。

(1) $x^3yz+3x^2yz^2-54xyz^3$
 $=xyz(x^2+3xz-54z^2)$ 〉 xyz をくくり出す
 $=xyz(x-6z)(x+9z)$ 〉 因数分解

(2) $p^2x^2+pqxy-6q^2y^2$
 $=(px)^2+px\cdot qy-6(qy)^2$ 〉 px, qy をそれぞれ1つのものとみなす
 $=(px-2qy)(px+3qy)$ 〉 因数分解

(3) $(x^2-x)^2-(x^2-x)-2$
 $=\{(x^2-x)-2\}\{(x^2-x)+1\}$ 〉 x^2-x を1つのものとみなして因数分解
 $=(x^2-x-2)(x^2-x+1)$ 〉 小かっこをはずす
 $=(x-2)(x+1)(x^2-x+1)$ 〉 さらに因数分解

注意 (3)で，$(x^2-x-2)(x^2-x+1)$ のように，積の形で表すと安心してしまい，このまま答えとしてしまうことがよくあるが，これはいけない。2次式の因数がさらに因数分解できるかどうかを検討しなければならない。

この問題では，x^2-x+1 は因数分解できないが，x^2-x-2 は，
$$x^2-x-2=(x-2)(x+1)$$
とさらに因数分解できる。

> **■ポイント**
> 因数分解した式の各因数が，さらに因数分解できるかどうか検討する。

演習問題

20 次の式を因数分解せよ。
(1) $p^3q-7p^2q-44pq$ (2) $x^3yz+7x^2yz+6xyz$
(3) $2a^3bc+10a^2b^2c-28ab^3c$ (4) $-x^3yz^2+5x^2yz^3+24xyz^4$

21 次の式を因数分解せよ。
(1) $x^2y^2-3xy-4$ (2) $a^2b^2+9abc+18c^2$
(3) $x^2y^2-12abxy+27a^2b^2$ (4) $a^2d^2+6abcd-27b^2c^2$

22 次の式を因数分解せよ。
(1) $(x+y)^2-15(x+y)+56$ (2) $(x^2-3x)^2+10(x^2-3x)+21$
(3) $(x^2+2x)^2+3(x^2+2x)+2$ (4) $(x^2-2x)^2-7(x^2-2x)-8$
(5) $x^2(x+1)^2-4x(x+1)-12$ (6) $(x^2+2)^2-5(x^2+2)-6$
(7) $(x^2+5x)^2+4(x^2+5x)-12$ (8) $(x-1)^2+4(x-1)y+3y^2$
(9) $(x+4)^2-2(x+4)y-48y^2$ (10) $(2x+3)^2+2(2x+3)y-3y^2$

4 たすき掛け

x についての2次3項式の中で，3節では x^2+px+q の形の因数分解を学んだが，この節では px^2+qx+r（ただし，$p\neq 0$, $p\neq 1$）の形の因数分解を学習する。2次3項式 px^2+qx+r を因数分解するときの基本となる公式は，乗法公式
$$(ax+b)(cx+d)=acx^2+(ad+bc)x+bd$$
の左辺と右辺を入れかえたものである。

●因数分解の公式4

$$acx^2+(ad+bc)x+bd=(ax+b)(cx+d) \quad (たすき掛けの公式)$$

★ たすき掛け

はじめに，$3x^2+5x+2$ の因数分解を考えてみよう。
$$3x^2+5x+2=(ax+b)(cx+d)$$
と因数分解したいとする。このとき，たすき掛けの公式
$$acx^2+(ad+bc)x+bd=(ax+b)(cx+d)$$
より，
$$ac=3, \quad ad+bc=5, \quad bd=2$$
となる整数 a, b, c, d を見つければよい。

まず，$ac=3$ となる整数 a, c の候補は，$a>0$, $c>0$, $a<c$ とすると，
$$\begin{cases} a=1 \\ c=3 \end{cases}$$
である。つぎに，$bd=2$ となる整数 b, d の候補は，

$$\begin{cases} b=1 \\ d=2, \end{cases} \quad \begin{cases} b=2 \\ d=1, \end{cases} \quad \begin{cases} b=-1 \\ d=-2, \end{cases} \quad \begin{cases} b=-2 \\ d=-1 \end{cases}$$

である。ここで，$ad+bc$ の値を調べると，

$\begin{cases} b=1 \\ d=2 \end{cases}$ のとき，$ad+bc=1\times 2+1\times 3=5$

$\begin{cases} b=2 \\ d=1 \end{cases}$ のとき，$ad+bc=1\times 1+2\times 3=7$

$\begin{cases} b=-1 \\ d=-2 \end{cases}$ のとき，$ad+bc=1\times (-2)+(-1)\times 3=-5$

$\begin{cases} b=-2 \\ d=-1 \end{cases}$ のとき，$ad+bc=1\times (-1)+(-2)\times 3=-7$

であるから，$ad+bc=5$ となる整数 a, b, c, d は，$a=1$, $b=1$, $c=3$, $d=2$ となる。

したがって，
$$3x^2+5x+2=(x+1)(3x+2)$$
と因数分解できる。

$ad+bc$ の値の計算をするとき，係数と定数項だけ書いて考えることができる。

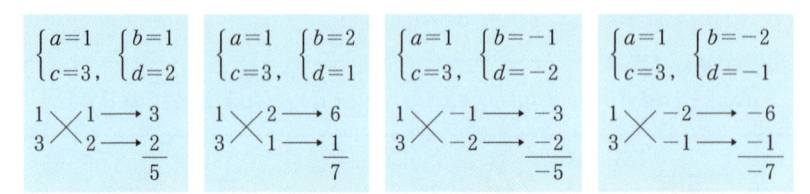

$$\begin{cases}a=1\\c=3\end{cases}\begin{cases}b=1\\d=2\end{cases} \quad \begin{cases}a=1\\c=3\end{cases}\begin{cases}b=2\\d=1\end{cases} \quad \begin{cases}a=1\\c=3\end{cases}\begin{cases}b=-1\\d=-2\end{cases} \quad \begin{cases}a=1\\c=3\end{cases}\begin{cases}b=-2\\d=-1\end{cases}$$

$$\begin{matrix}1 & \diagdown & 1 & \to & 3 \\ 3 & \diagup & 2 & \to & \underline{2} \\ & & & & 5\end{matrix} \quad \begin{matrix}1 & \diagdown & 2 & \to & 6 \\ 3 & \diagup & 1 & \to & \underline{1} \\ & & & & 7\end{matrix} \quad \begin{matrix}1 & \diagdown & -1 & \to & -3 \\ 3 & \diagup & -2 & \to & \underline{-2} \\ & & & & -5\end{matrix} \quad \begin{matrix}1 & \diagdown & -2 & \to & -6 \\ 3 & \diagup & -1 & \to & \underline{-1} \\ & & & & -7\end{matrix}$$

このように，a と d, b と c をたすきの形に掛けて，
$$acx^2+(ad+bc)x+bd=(ax+b)(cx+d)$$
となる整数 a, b, c, d を求める方法を，**たすき掛け**という。

> ●たすき掛けの手順
> ① $\boldsymbol{px^2+qx+r=(ax+b)(cx+d)}$ と因数分解できたとする。
> ② ①の右辺を展開したものと比べると，$\boldsymbol{p=ac}$, $\boldsymbol{r=bd}$ となる。
> ③ 整数 a, c の候補，整数 b, d の候補を考える。
> ④ たすき掛けをする。
> $$\begin{matrix}a & \diagdown & b & \to & bc \\ c & \diagup & d & \to & \underline{ad} \\ & & & & ad+bc\end{matrix}$$
> ⑤ $\boldsymbol{ad+bc=q}$ となるものが，求める整数 a, b, c, d である。

参考 $ac=3$, $bd=2$ となる整数の組には，上で見たように，$ad+bc=5$ とならない組が 3 つある。これらは，それぞれ $3x^2+5x+2$ とは異なる 2 次 3 項式の因数分解をする整数の組である。たとえば，右のたすき掛けは，$3x^2+7x+2=(x+2)(3x+1)$ となることを意味している。

$$\begin{matrix}1 & \diagdown & 2 & \to & 6 \\ 3 & \diagup & 1 & \to & \underline{1} \\ & & & & 7\end{matrix}$$

注意 2 次 3 項式 $3x^2+qx+2$ は，有理数の範囲では，整数 q が $q=5$, 7, -5, -7 のときだけ因数分解することができ，次のようになる。

$$3x^2+5x+2=(x+1)(3x+2) \qquad 3x^2+7x+2=(x+2)(3x+1)$$
$$3x^2-5x+2=(x-1)(3x-2) \qquad 3x^2-7x+2=(x-2)(3x-1)$$

このように，2 次 3 項式 px^2+qx+r が，たすき掛けで因数分解することができる整数 p, q, r の組は限られている。

問4 ★ 次の式を因数分解せよ。

(1) $2x^2+5x+3$ (2) $2x^2-5x+3$ (3) $2x^2+5x+2$
(4) $2x^2-5x+2$ (5) $3x^2+10x+3$ (6) $3x^2-10x+3$

例題15 ★ たすき掛け①

$3x^2-10x+8$ を因数分解せよ。

解説 $3x^2-10x+8=(ax+b)(cx+d)$ とすると，$ac=3$, $ad+bc=-10$, $bd=8$ である。

まず，$ac=3$ となる整数 a, c の候補は，$a>0$, $c>0$, $a<c$ とすると，

$$\begin{cases} a=1 \\ c=3 \end{cases}$$

である。つぎに，$bd=8$ となる整数 b, d の候補は，

$$\begin{cases} b=1 \\ d=8 \end{cases} \begin{cases} b=2 \\ d=4 \end{cases} \begin{cases} b=4 \\ d=2 \end{cases} \begin{cases} b=8 \\ d=1 \end{cases} \begin{cases} b=-1 \\ d=-8 \end{cases} \begin{cases} b=-2 \\ d=-4 \end{cases} \begin{cases} b=-4 \\ d=-2 \end{cases} \begin{cases} b=-8 \\ d=-1 \end{cases}$$

の8通りある。

これら8通りについて，すべて $ad+bc$ の値をたすき掛けで調べてもよいが，$ad+bc=-10<0$ であるから，$b>0$, $d>0$ の組を考える必要はない。残りの4通りをたすき掛けで調べると，次のようになる。

$$\begin{array}{ccc} 1 & \diagdown & -1 \rightarrow -3 \\ 3 & \diagup & -8 \rightarrow \underline{-8} \\ & & -11 \end{array} \quad \begin{array}{ccc} 1 & \diagdown & -2 \rightarrow -6 \\ 3 & \diagup & -4 \rightarrow \underline{-4} \\ & & -10 \end{array} \quad \begin{array}{ccc} 1 & \diagdown & -4 \rightarrow -12 \\ 3 & \diagup & -2 \rightarrow \underline{-2} \\ & & -14 \end{array} \quad \begin{array}{ccc} 1 & \diagdown & -8 \rightarrow -24 \\ 3 & \diagup & -1 \rightarrow \underline{-1} \\ & & -25 \end{array}$$

↑ $ad+bc=-10$

したがって，$a=1$, $b=-2$, $c=3$, $d=-4$ となる。

解答 $3x^2-10x+8=(x-2)(3x-4)$

注意 $3x^2-10x+8=(ax+b)(cx+d)$ としたとき，

$$\begin{cases} a=-1 \\ c=-3 \end{cases}$$

とすると，たすき掛けは右のようになるから，

$$3x^2-10x+8=(-x+2)(-3x+4)$$

$$\begin{array}{ccc} -1 & \diagdown & 2 \rightarrow -6 \\ -3 & \diagup & 4 \rightarrow \underline{-4} \\ & & -10 \end{array}$$

も正しい。しかし，

$$3x^2-10x+8=(-x+2)(-3x+4)=\{-(x-2)\}\{-(3x-4)\}=(x-2)(3x-4)$$

であるから，$\begin{cases} a=1 \\ c=3 \end{cases}$ の場合と一致する。

したがって，$3x^2-10x+8=(ax+b)(cx+d)$ としたときの a, c は正の整数のみを考えればよい。

|注意| たすき掛けでいろいろな整数の組を調べるとき，$a<c$ のみを考えればよい。

$ac=3$ となる正の整数 a, c の候補は，$\begin{cases} a=1 \\ c=3 \end{cases}$ と $\begin{cases} a=3 \\ c=1 \end{cases}$ の2通りある。

ここで，$\begin{cases} a=3 \\ c=1 \end{cases}$ とすると，$bd=8$ となる負の整数 b, d の候補は，

$\begin{cases} b=-1 \\ d=-8 \end{cases}, \begin{cases} b=-2 \\ d=-4 \end{cases}, \begin{cases} b=-4 \\ d=-2 \end{cases}, \begin{cases} b=-8 \\ d=-1 \end{cases}$

の4通りあるから，たすき掛けをすると，次のようになる。

$$\begin{array}{c} 3 \diagdown -1 \to -1 \\ 1 \diagup -8 \to \underline{-24} \\ \hline -25 \end{array} \quad \begin{array}{c} 3 \diagdown -2 \to -2 \\ 1 \diagup -4 \to \underline{-12} \\ \hline -14 \end{array} \quad \begin{array}{c} 3 \diagdown -4 \to -4 \\ 1 \diagup -2 \to \underline{-6} \\ \hline -10 \end{array} \quad \begin{array}{c} 3 \diagdown -8 \to -8 \\ 1 \diagup -1 \to \underline{-3} \\ \hline -11 \end{array}$$

$\uparrow$ $ad+bc=-10$

この4通りのたすき掛けは，$\begin{cases} a=1 \\ c=3 \end{cases}$ の場合と一致している。

実際，$\begin{cases} a=3 \\ c=1 \end{cases}$ として得られる因数分解 $3x^2-10x+8=(3x-4)(x-2)$ は，$\begin{cases} a=1 \\ c=3 \end{cases}$ として得られる因数分解 $3x^2-10x+8=(x-2)(3x-4)$ と因数の順番が異なるだけで，同じものである。

本書では，たすき掛けにおいて，$a<c$ とするが，もちろん $a>c$ が考えやすいときは $a>c$ の場合のみを考えてもよい。

演習問題

23 ★ 次の式を因数分解せよ。

(1) $2x^2+7x+3$ (2) $2x^2-11x+5$ (3) $3x^2-8x+4$

(4) $5x^2+12x+4$ (5) $3x^2-13x+4$ (6) $3a^2+16a+5$

(7) $2a^2+9a+9$ (8) $2s^2-11s+9$ (9) $2t^2+19t+9$

例題16 ★ たすき掛け②

$6x^2-5x-6$ を因数分解せよ。

|解説| $6x^2-5x-6=(ax+b)(cx+d)$ とすると，$ac=6, ad+bc=-5, bd=-6$ である。まず，$ac=6$ となる整数 a, c の候補は，$a>0, c>0, a<c$ とすると，

$\begin{cases} a=1 \\ c=6 \end{cases}, \begin{cases} a=2 \\ c=3 \end{cases}$

の2通りある。つぎに，$bd=-6$ となる整数 b, d の候補は，

$\begin{cases}b=1\\d=-6\end{cases}$, $\begin{cases}b=2\\d=-3\end{cases}$, $\begin{cases}b=3\\d=-2\end{cases}$, $\begin{cases}b=6\\d=-1\end{cases}$, $\begin{cases}b=-1\\d=6\end{cases}$, $\begin{cases}b=-2\\d=3\end{cases}$, $\begin{cases}b=-3\\d=2\end{cases}$, $\begin{cases}b=-6\\d=1\end{cases}$

の8通りあるから，たすき掛けは，$2\times8=16$（通り）ある。これら16通りのたすき掛けをすべて調べるのは大変である。

　そこで，たとえば，右のたすき掛けは，
$(x-2)(6x+3)=3(x-2)(2x+1)$ であるから，すべての係数と定数項が3の倍数となる。しかし，$6x^2-5x-6$ のすべての係数と定数項の最大公約数は1であるから，たすき掛けの a と b または c と d の最大公約数が1でないものは考えなくてよい。すなわち，a と b, c と d の最大公約数がともに1であるものだけを考えればよい。したがって，調べる必要のあるたすき掛けは，次の4通りとなる。

[解答]　$6x^2-5x-6=(2x-3)(3x+2)$

たすき掛けを使わない方法①

コラム　因数分解の根本原理は分配法則ですから，2次3項式も，共通因数を見つけることができれば因数分解することができます。

　2次3項式の共通因数を見つけるには，次のように1次の項を分解すればよいでしょう。

（例）　$3x^2+5x+2=3x^2\ +2x+3x\ +2$
$\qquad\qquad\quad =x(3x+2)+(3x+2)=(x+1)(3x+2)$
$\quad 3x^2-10x+8=3x^2\ -4x-6x\ +8$
$\qquad\qquad\quad =x(3x-4)-2(3x-4)=(x-2)(3x-4)$
$\quad 6x^2-5x-6=6x^2\ +4x-9x\ -6$
$\qquad\qquad\quad =2x(3x+2)-3(3x+2)=(2x-3)(3x+2)$

　上の例のように，係数と定数項がすべて正のときは，1次の項を分解して共通因数を見つけるのは，因数分解ができる場合は比較的容易ですが，そうでないときは難しいことが多くなります。

演習問題

24 ★ 次の式を因数分解せよ。
(1) $4x^2+11x+6$
(2) $3x^2-8x-3$
(3) $5x^2-x-6$
(4) $6x^2+11x-10$
(5) $6x^2+x-12$
(6) $8x^2+6x-9$
(7) $8x^2+14x-15$
(8) $14a^2+11a-3$
(9) $15t^2-34t+16$

● ★ 共通因数と置き換え

2章で学んだように共通因数をくくり出してから，たすき掛けの公式を使う因数分解もある。また，式の一部を1つの文字に置き換えると，たすき掛けの公式が使える因数分解もある。

例題17 ★ たすき掛け③

$-2x^2+11x+6$ を因数分解せよ。

[解説] 2次3項式で2次の項の係数が負のときは，まず，
$$-2x^2+11x+6=-(2x^2-11x-6)$$
のように -1 をくくり出すことで，x^2 の係数を正にしてから，かっこの中の因数分解をする。

$2x^2-11x-6$ は右のように，たすき掛けをするとよい。

[解答] $-2x^2+11x+6=-(2x^2-11x-6)=-(x-6)(2x+1)$

$$\begin{array}{ccc} 1 & -6 & \longrightarrow -12 \\ 2 & 1 & \longrightarrow \underline{1} \\ & & -11 \end{array}$$

演習問題

25 ★ 次の式を因数分解せよ。
(1) $-4x^2+3x+27$
(2) $-3x^2+5x+2$
(3) $-2x^2+x+6$
(4) $-6x^2+7x+3$

例題18 ★ たすき掛け④

$6x^2+xy-2y^2$ を因数分解せよ。

[解説] $6x^2+xy-2y^2$ は，x と y についての2次3項式である。
$$6x^2+xy-2y^2=(ax+by)(cx+dy)$$
と因数分解したいとする。

ここで，y を除いた x についての2次3項式 $6x^2+x-2$ の因数分解を考え，その結果に y をつけ加える。$6x^2+x-2$ は右のように，たすき掛けをするとよい。

$$\begin{array}{ccc} 2 & -1 & \longrightarrow -3 \\ 3 & 2 & \longrightarrow \underline{4} \\ & & 1 \end{array}$$

[解答]　$6x^2+xy-2y^2$
　　　　$=(2x-y)(3x+2y)$

●気をつけよう！
最後に y をつけることを忘れてはいけない。

[参考]　$6x^2+xy-2y^2$ で，y を除くということは，$y=1$ とするということと同じである。
[注意]　y に着目して，y について降べきの順に整理すると，
　　　　$6x^2+xy-2y^2=-2y^2+xy+6x^2$
　ここで，$x=1$ とおくと，$-2y^2+y+6$ となり，これの因数分解を考えてもよい。
　　　　$-2y^2+y+6=-(2y^2-y-6)$
であり，$2y^2-y-6$ は右のように，たすき掛けをすることが
できる。

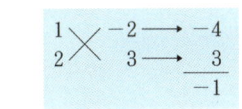

$$\begin{array}{c} 1 -2 \longrightarrow -4 \\ 2 3 \longrightarrow 3 \\ \hline -1 \end{array}$$

　したがって，
　　$6x^2+xy-2y^2=-2y^2+xy+6x^2=-(2y^2-xy-6x^2)=-(y-2x)(2y+3x)$
と因数分解できる。
　なお，本書では，見やすくするためにアルファベット順に整理して，
　　$-(y-2x)(2y+3x)=-(-2x+y)(3x+2y)=-\{-(2x-y)\}(3x+2y)$
　　　　　　　　　　$=(2x-y)(3x+2y)$
より，$(2x-y)(3x+2y)$ を答えとするが，$-(y-2x)(2y+3x)$ を答えとしてもよい。

演習問題

26★　次の式を因数分解せよ。
(1)　$3x^2+5xy+2y^2$　　(2)　$6x^2-11xy+3y^2$　　(3)　$2x^2-5xy-12y^2$
(4)　$6s^2+st-15t^2$　　(5)　$12s^2-7st-12t^2$　　(6)　$24s^2+st-10t^2$

例題19★　**係数や定数項に分数を含む式のたすき掛け**

$x^2+\dfrac{5}{7}x-\dfrac{2}{7}$ を因数分解せよ。

[解説]　2次3項式の公式 $x^2+(a+b)x+ab=(x+a)(x+b)$ を利用すると，
$a+b=\dfrac{5}{7}$, $ab=-\dfrac{2}{7}$ である。$ab=-\dfrac{2}{7}$ となる有理数 a, b は無数にあり，a, b の候補を考えるのは整数のときと比べて困難である。そこで，かっこの中のすべての係数と定数項が整数となるように，分数をくくり出してから，因数分解するとよい。
　この問題では，まず，
　　$x^2+\dfrac{5}{7}x-\dfrac{2}{7}=\dfrac{1}{7}(7x^2+5x-2)$

$$\begin{array}{c} 1 1 \longrightarrow 7 \\ 7 -2 \longrightarrow \underline{-2} \\ 5 \end{array}$$

とする。つぎに，$7x^2+5x-2$ は右のように，たすき掛けをする。

[解答] $x^2+\dfrac{5}{7}x-\dfrac{2}{7}=\dfrac{1}{7}(7x^2+5x-2)$
$=\dfrac{1}{7}(x+1)(7x-2)$

[注意] 本書では，分数をくくり出した $\dfrac{1}{7}(x+1)(7x-2)$ を答えとするが，積が $-\dfrac{2}{7}$ で，和が $\dfrac{5}{7}$ である2数 1, $-\dfrac{2}{7}$ を見つけて，$(x+1)\left(x-\dfrac{2}{7}\right)$ を答えとしてもよい。

演習問題

27 ★ 次の式を因数分解せよ。

(1) $x^2+\dfrac{13}{6}x+\dfrac{1}{3}$ (2) $x^2+\dfrac{1}{4}x-\dfrac{3}{4}$ (3) $x^2-\dfrac{8}{3}x-1$

(4) $3a^2-\dfrac{1}{2}a-1$ (5) $2x^2+\dfrac{19}{5}xy+\dfrac{6}{5}y^2$ (6) $2p^2+2pq-\dfrac{3}{2}q^2$

(7) $2x^2+\dfrac{5}{3}xy+\dfrac{1}{3}y^2$ (8) $2x^2-\dfrac{5}{3}xy-\dfrac{1}{3}y^2$ (9) $\dfrac{1}{2}a^2-\dfrac{1}{6}ab-\dfrac{1}{3}b^2$

例題20 ★ **共通因数のあるたすき掛け**
　$12x^3+38x^2y+20xy^2$ を因数分解せよ。

[解説] まず，共通因数 $2x$ を見つけて，それをくくり出す。
$12x^3+38x^2y+20xy^2=2x\cdot 6x^2+2x\cdot 19xy+2x\cdot 10y^2$
$=2x(6x^2+19xy+10y^2)$

つぎに，かっこの中を因数分解する。$6x^2+19xy+10y^2$ は右のように，たすき掛けをするとよい。

$\begin{array}{c} 2 \\ 3 \end{array} \diagtimes \begin{array}{c} 5 \longrightarrow 15 \\ 2 \longrightarrow 4 \\ \hline 19 \end{array}$

[解答] $12x^3+38x^2y+20xy^2$
$=2x\cdot 6x^2+2x\cdot 19xy+2x\cdot 10y^2$
$=2x(6x^2+19xy+10y^2)$
$=2x(2x+5y)(3x+2y)$

●気をつけよう！
最後に y をつけることを忘れてはいけない。

演習問題

28 ★ 次の式を因数分解せよ。

(1) $4ax^2-2ax-12a$ (2) $3x^2y-xy-4y$

(3) $2x^3+9x^2+4x$ (4) $12t^3+12t^2-9t$

(5) $24x^3+20x^2y-16xy^2$ (6) $27x^2y-27xy^2+6y^3$

29 ★ 次の式を因数分解せよ。

(1) $2x^3 - \dfrac{8}{3}x^2y - \dfrac{8}{3}xy^2$

(2) $ap^2 + \dfrac{11apq}{5} + \dfrac{2aq^2}{5}$

(3) $2x^2y - 3xy^2 - \dfrac{35}{9}y^3$

(4) $4s^3t - \dfrac{29}{3}s^2t^2 + 5st^3$

(5) $36ax^4 + 109a^2x^3 + 25a^3x^2$

(6) $5(a+b)x^2 - 11(a+b)x + 2(a+b)$

例題21 ★　置き換えてからたすき掛け

次の式を因数分解せよ。

(1) $3a^2b^2 + 11abc - 4c^2$

(2) $2(2x^2+3x)^2 - 3(2x^2+3x) - 5$

|解説|　式の一部を1つの文字に置き換えてから，たすき掛けをする。

(1) $3a^2b^2 + 11abc - 4c^2 = 3(ab)^2 + 11 \cdot ab \cdot c - 4c^2$ であるから，$ab = A$ とおくと，
$$3a^2b^2 + 11abc - 4c^2 = 3A^2 + 11Ac - 4c^2$$
となる。$3A^2 + 11Ac - 4c^2$ は右のように，たすき掛けをする。

(2) $2x^2 + 3x = X$ とおくと，
$$2(2x^2+3x)^2 - 3(2x^2+3x) - 5 = 2X^2 - 3X - 5$$
となる。$2X^2 - 3X - 5$ を右のようにたすき掛けすると，
$$2(2x^2+3x)^2 - 3(2x^2+3x) - 5$$
$$= 2X^2 - 3X - 5$$
$$= (X+1)(2X-5)$$
$$= \{(2x^2+3x)+1\}\{2(2x^2+3x)-5\}$$
$$= (2x^2+3x+1)(4x^2+6x-5)$$

（X を $2x^2+3x$ にもどす）

ここで，何も考えず終了してはいけない。$2x^2+3x+1$ と $4x^2+6x-5$ がさらに因数分解できるかどうか検討しなければならない。

$2x^2+3x+1$ は右のように，たすき掛けができる。

$4x^2+6x-5$ は，これ以上因数分解できない。

慣れてきたら，頭の中だけでそれぞれ A や X とおいて，次のようにしてよい。

|解答|　(1) $3a^2b^2 + 11abc - 4c^2 = 3(ab)^2 + 11 \cdot ab \cdot c - 4c^2$
$$= (ab + 4c)(3ab - c)$$

(2) $2(2x^2+3x)^2 - 3(2x^2+3x) - 5 = \{(2x^2+3x)+1\}\{2(2x^2+3x)-5\}$
$$= (2x^2+3x+1)(4x^2+6x-5)$$
$$= (x+1)(2x+1)(4x^2+6x-5)$$

注意 (2) $4x^2+6x-5$ については，x^2 の係数 4 と定数項 -5 について考えられるたすき掛けは次の 6 通りあり，いずれも x の係数は 6 にならない。

$$
\begin{array}{ccr}
1 & 1 \to & 4 \\
4 & -5 \to & \underline{-5} \\
& & -1
\end{array}
\qquad
\begin{array}{ccr}
1 & -1 \to & -4 \\
4 & 5 \to & \underline{5} \\
& & 1
\end{array}
\qquad
\begin{array}{ccr}
1 & 5 \to & 20 \\
4 & -1 \to & \underline{-1} \\
& & 19
\end{array}
\qquad
\begin{array}{ccr}
1 & -5 \to & -20 \\
4 & 1 \to & \underline{1} \\
& & -19
\end{array}
$$

$$
\begin{array}{ccr}
2 & 1 \to & 2 \\
2 & -5 \to & \underline{-10} \\
& & -8
\end{array}
\qquad
\begin{array}{ccr}
2 & -1 \to & -2 \\
2 & 5 \to & \underline{10} \\
& & 8
\end{array}
$$

■ポイント
因数分解は，一度因数分解できたとしても，さらに因数分解できるかどうか検討し，それ以上因数分解できないところまで行う。

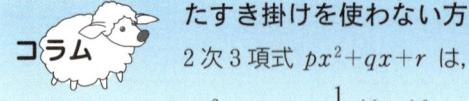

コラム　たすき掛けを使わない方法②

2 次 3 項式 px^2+qx+r は，
$$px^2+qx+r=\frac{1}{p}\{(px)^2+q \cdot px+pr\}$$
と変形できることから，$px=t$ とおくと，
$$px^2+qx+r=\frac{1}{p}(t^2+qt+pr)$$
となり，かっこの中の $t^2+qt+pr$ は，2 次 3 項式の公式
$$t^2+(a+b)t+ab=(t+a)(t+b)$$
を使って因数分解することができることもあります。

(例) $2x^2+11x+12=\dfrac{1}{2}(4x^2+22x+24)=\dfrac{1}{2}\{(2x)^2+11 \cdot 2x+24\}$

$\qquad\qquad =\dfrac{1}{2}(2x+3)(2x+8)=\dfrac{1}{2}(2x+3) \times 2(x+4)$

$\qquad\qquad =(2x+3)(x+4)$

$\quad 6x^2+11x-10=\dfrac{1}{6}(36x^2+66x-60)=\dfrac{1}{6}\{(6x)^2+11 \cdot 6x-60\}$

$\qquad\qquad =\dfrac{1}{6}(6x-4)(6x+15)=\dfrac{1}{6} \times 2(3x-2) \times 3(2x+5)$

$\qquad\qquad =(3x-2)(2x+5)$

演習問題

30 ＊　次の式を因数分解せよ。
(1) $4x^2y^2-9xyz-9z^2$ 　　(2) $6a^2+abc-15b^2c^2$
(3) $3a^2b^2-5abcd-2c^2d^2$ 　　(4) $6a^2d^2-25abcd+14b^2c^2$

31 ＊　次の式を因数分解せよ。
(1) $2(x+2)^2-3(x+2)+1$ 　　(2) $4(x+2)^2-5(x+2)+1$
(3) $3(a-b)^2-(a-b)-4$ 　　(4) $3(x^2+1)^2-4(x^2+1)-4$
(5) $2(x^2-3x)^2-11(x^2-3x)-30$ 　　(6) $4(x^2+2x)^2-9(x^2+2x)-9$
(7) $3(x+2y+3)^2-(x+2y+3)-2$
(8) $2(x^2-x+1)^2-19(x^2-x+1)+35$

例題22 ＊　2種類以上の文字を含んだ式のたすき掛け
　　$(1+a^2)x^2+(1+a+a^2)x+a$ を因数分解せよ。

[解説] x についての整式とみると，係数と定数項はそれぞれ数でなく文字式 $1+a^2$, $1+a+a^2$, a である。このようなときでも，x についての2次3項式と考えて，係数と定数項が整数である式と同様にして，右のようにたすき掛けをするとよい。

$$\begin{array}{ccc} 1 & \diagdown & 1 \longrightarrow 1+a^2 \\ 1+a^2 & \diagup & a \longrightarrow a \\ & & \overline{1+a+a^2} \end{array}$$

[解答] $(1+a^2)x^2+(1+a+a^2)x+a=(x+1)\{(1+a^2)x+a\}$
　　　　　　　　　　　　　　　　　$=(x+1)(x+a^2x+a)$
　　　　　　　　　　　　　　　　　$=(x+1)(a^2x+x+a)$

[別解] a についての整式とみると，
$(1+a^2)x^2+(1+a+a^2)x+a=(x^2+x)a^2+(x+1)a+x^2+x$
　　　　　　　　　　　　　$=x(x+1)a^2+(x+1)a+x(x+1)$
　　　　　　　　　　　　　$=(x+1)(xa^2+a+x)$
　　　　　　　　　　　　　$=(x+1)(a^2x+x+a)$

演習問題

32 ＊　次の式を因数分解せよ。
(1) $ax^2+(1+a^2)x+a$ 　　(2) $a^2x^2+(a^2+2a)x+a+1$
(3) $(x+1)y^2+(x^2+3x)y+2x^2$ 　　(4) $abx^2+(a^2+b^2)x+ab$
(5) $abx^2-(a^2-b^2)x-ab$ 　　(6) $(a+1)x^2+(a^2+a+2)x+2a$
(7) $a(a+1)x^2+(2a^2+2a+1)x+a(a+1)$

コラム　たすき掛けを使わない方法③

2次3項式 ax^2+bx+c（ただし，$a \neq 0$）は，1節で学んだ完全平方式と，2節で学んだ平方の差の公式を使って因数分解することができます。

たとえば，$2x^2+5x+2$ は，

$$2x^2+5x+2 = 2\left(x^2+\frac{5}{2}x+1\right)$$
$$= 2\left\{x^2+2\cdot\frac{5}{4}\cdot x+\left(\frac{5}{4}\right)^2-\left(\frac{5}{4}\right)^2+1\right\}$$
$$= 2\left\{\left(x+\frac{5}{4}\right)^2-\frac{9}{16}\right\} = 2\left\{\left(x+\frac{5}{4}\right)^2-\left(\frac{3}{4}\right)^2\right\}$$
$$= 2\left\{\left(x+\frac{5}{4}\right)+\frac{3}{4}\right\}\left\{\left(x+\frac{5}{4}\right)-\frac{3}{4}\right\} = 2(x+2)\left(x+\frac{1}{2}\right)$$
$$= (x+2)(2x+1)$$

と因数分解できます。

この方法で，すべての2次3項式 ax^2+bx+c は，次のように因数分解できます。

$$ax^2+bx+c$$
$$= a\left(x^2+\frac{b}{a}x+\frac{c}{a}\right)$$
$$= a\left\{x^2+2\cdot\frac{b}{2a}\cdot x+\left(\frac{b}{2a}\right)^2-\left(\frac{b}{2a}\right)^2+\frac{c}{a}\right\}$$
$$= a\left\{\left(x+\frac{b}{2a}\right)^2-\frac{b^2-4ac}{4a^2}\right\} = a\left\{\left(x+\frac{b}{2a}\right)^2-\left(\frac{\sqrt{b^2-4ac}}{2a}\right)^2\right\}$$
$$= a\left\{\left(x+\frac{b}{2a}\right)+\frac{\sqrt{b^2-4ac}}{2a}\right\}\left\{\left(x+\frac{b}{2a}\right)-\frac{\sqrt{b^2-4ac}}{2a}\right\}$$
$$= a\left(x+\frac{b+\sqrt{b^2-4ac}}{2a}\right)\left(x+\frac{b-\sqrt{b^2-4ac}}{2a}\right)$$

この因数分解より，2次方程式 $ax^2+bx+c=0$（ただし，$a \neq 0$）の解は，$x=\dfrac{-b\pm\sqrt{b^2-4ac}}{2a}$ となることがわかります。これが，**解の公式**です。また，b^2-4ac を2次方程式 $ax^2+bx+c=0$ の**判別式**といいます。

したがって，2次3項式 ax^2+bx+c が有理数の範囲で因数分解できるのは，判別式 b^2-4ac が平方数のときであることがわかります。

5 3次式

立方の和と立方の差

乗法公式
$$(a+b)(a^2-ab+b^2)=a^3+b^3$$
$$(a-b)(a^2+ab+b^2)=a^3-b^3$$
より，立方の和と立方の差の形の式の因数分解は，次の公式を利用する。

● 因数分解の公式 5
$$a^3+b^3=(a+b)(a^2-ab+b^2) \quad \text{（立方の和の公式）}$$
$$a^3-b^3=(a-b)(a^2+ab+b^2) \quad \text{（立方の差の公式）}$$

例 $x^3+8=x^3+2^3=(x+2)(x^2-2x+4)$
$x^3-1=x^3-1^3=(x-1)(x^2+x+1)$

●気をつけよう！
符号の関係に注意する。

上の公式を1つにまとめて，次のように書くことがある。
$$a^3 \pm b^3 = (a \pm b)(a^2 \mp ab + b^2) \quad \text{（複号同順）}$$

注意 $\pm$ や $\mp$ を複号という。複号同順とは，つねに上の符号をみて，
$$a^3+b^3=(a+b)(a^2-ab+b^2)$$
つねに下の符号をみて，
$$a^3-b^3=(a-b)(a^2+ab+b^2)$$
とすることを意味している。この2つの式を，複号を使って1つの式にまとめている。

問 5 次の式を因数分解せよ。
(1) x^3+1 (2) x^3-8 (3) a^3+27 (4) t^3-27

例題23 立方の和と立方の差
次の式を因数分解せよ。
(1) $27x^3+64y^3$ (2) $a^3b^3-125c^3$

解説 (1) $27x^3=(3x)^3$, $64y^3=(4y)^3$ であるから，立方の和の公式を適用する。

$$(3x)^3+(4y)^3=(3x+4y)\{(3x)^2-3x \cdot 4y+(4y)^2\}$$
$$a^3 + b^3 = (a+b)(a^2 - ab + b^2)$$

(2) $a^3b^3=(ab)^3$, $125c^3=(5c)^3$ であるから，立方の差の公式を適用する。

|解答| (1) $27x^3+64y^3=(3x)^3+(4y)^3$
$\qquad\qquad\qquad =(3x+4y)\{(3x)^2-3x\cdot 4y+(4y)^2\}$
$\qquad\qquad\qquad =(3x+4y)(9x^2-12xy+16y^2)$

(2) $a^3b^3-125c^3=(ab)^3-(5c)^3$
$\qquad\qquad\qquad =(ab-5c)\{(ab)^2+ab\cdot 5c+(5c)^2\}$
$\qquad\qquad\qquad =(ab-5c)(a^2b^2+5abc+25c^2)$

演習問題

33 ★★ 次の式を因数分解せよ。
(1) x^3+8y^3　　(2) a^3-64b^3　　(3) $64x^3-125y^3$
(4) $27x^3y^3+z^3$　　(5) $8a^3b^3c^3-343d^3$　　(6) $8a^3b^3+27c^3d^3$

● ★★ **共通因数と置き換え**

2章で学んだように共通因数をくくり出してから，立方の和の公式または立方の差の公式を使う因数分解もある。また，式の一部を1つの文字に置き換えると，立方の和の公式または立方の差の公式が使える因数分解もある。

例題24 ★★ 数をくくり出す立方の和と立方の差

次の式を因数分解せよ。
(1) $250x^3+432y^3$　　(2) $-\dfrac{1}{4}s^3+2t^3$

|解説| (1) 各項の係数の最大公約数をくくり出してから，立方の和の公式を利用する。
$250=2\times 125,\ 432=2\times 216$ であるから，最大公約数2をくくり出す。

(2) $-\dfrac{1}{4}$ をくくり出すと，$-\dfrac{1}{4}s^3+2t^3=-\dfrac{1}{4}(s^3-8t^3)$ となり，s^3-8t^3 に立方の差の公式を適用する。

|解答| (1) $250x^3+432y^3=2(125x^3+216y^3)$
$\qquad\qquad\qquad =2\{(5x)^3+(6y)^3\}$
$\qquad\qquad\qquad =2(5x+6y)\{(5x)^2-5x\cdot 6y+(6y)^2\}$
$\qquad\qquad\qquad =2(5x+6y)(25x^2-30xy+36y^2)$

(2) $-\dfrac{1}{4}s^3+2t^3=-\dfrac{1}{4}(s^3-8t^3)$
$\qquad\qquad\qquad =-\dfrac{1}{4}\{s^3-(2t)^3\}$
$\qquad\qquad\qquad =-\dfrac{1}{4}(s-2t)(s^2+2st+4t^2)$

例題25 ★★ 共通因数のある立方の差
$16a^3b - 54b^4$ を因数分解せよ。

[解説] 共通因数をくくり出してから，立方の差の公式を利用する。
$16a^3b = 2b \times 8a^3$, $54b^4 = 2b \times 27b^3$ であるから，共通因数 $2b$ をくくり出す。

[解答] $16a^3b - 54b^4 = 2b \cdot 8a^3 - 2b \cdot 27b^3 = 2b(8a^3 - 27b^3)$
$\qquad = 2b\{(2a)^3 - (3b)^3\}$
$\qquad = 2b(2a - 3b)(4a^2 + 6ab + 9b^2)$

演習問題

34 ★★ 次の式を因数分解せよ。
(1) $12a^3 + 96b^3$ (2) $250x^3 - 16y^3$
(3) $\dfrac{4}{3}p^3 - \dfrac{9}{2}q^3$ (4) $-\dfrac{25s^3}{7} - \dfrac{49t^3}{5}$
(5) $27a^3b + 64b^4$ (6) $432a^4 - 250ab^3$

例題26 ★★ 置き換えによる立方の和と立方の差
次の式を因数分解せよ。
(1) $(2x+y)^3 + (x-2y)^3$ (2) $(2x+y)^3 - (x-2y)^3$

[解説] $2x+y=X$, $x-2y=Y$ とおくと，立方の和の公式または立方の差の公式が利用できる。また，慣れてきたら，X, Y は使わず次のようにしてよい。

[解答] (1) $(2x+y)^3 + (x-2y)^3$
$\qquad = \{(2x+y)+(x-2y)\}\{(2x+y)^2 - (2x+y)(x-2y) + (x-2y)^2\}$
$\qquad = (3x-y)(3x^2 + 3xy + 7y^2)$
(2) $(2x+y)^3 - (x-2y)^3$
$\qquad = \{(2x+y)-(x-2y)\}\{(2x+y)^2 + (2x+y)(x-2y) + (x-2y)^2\}$
$\qquad = (x+3y)(7x^2 - 3xy + 3y^2)$

演習問題

35 ★★ 次の式を因数分解せよ。
(1) $(x+1)^3 + 27$ (2) $(x+y)^3 - y^3$
(3) $(a+b)^3 + (a-b)^3$ (4) $(a+b)^3 - (a-b)^3$
(5) $(2x+y)^3 + (x+2y)^3$ (6) $(2x+y)^3 - (x+2y)^3$
(7) $(3x+2y)^3 + (x-y)^3$ (8) $(2x+3y)^3 - (2x-y)^3$

例題27 ★★ 式の一部を因数分解して共通因数をくくり出す

次の式を因数分解せよ。
(1) x^3+y^3+x+y
(2) $(x-y)^3-x^3+y^3$

[解説] (1) x^3+y^3 を因数分解すると，$x+y$ が共通因数であることがわかる。
(2) $(x-y)^3-x^3+y^3=(x-y)^3-(x^3-y^3)$ であるから，x^3-y^3 を因数分解すると，$x-y$ が共通因数であることがわかる。

[解答] (1) $x^3+y^3+x+y=(x+y)(x^2-xy+y^2)+(x+y)$
$=(x+y)\{(x^2-xy+y^2)+1\}$
$=(x+y)(x^2-xy+y^2+1)$

(2) $(x-y)^3-x^3+y^3=(x-y)^3-(x^3-y^3)$
$=(x-y)^3-(x-y)(x^2+xy+y^2)$
$=(x-y)\{(x-y)^2-(x^2+xy+y^2)\}$
$=(x-y)\cdot(-3xy)$
$=-3xy(x-y)$

[参考] (2) $(x-y)^3$ を展開して，
$(x-y)^3-x^3+y^3=x^3-3x^2y+3xy^2-y^3-x^3+y^3$
$=-3x^2y+3xy^2=-3xy(x-y)$

としてもよい。

演習問題

36 ★★ 次の式を因数分解せよ。
(1) x^3-y^3+x-y
(2) $(x+2y)^3+x^3+8y^3$
(3) $s^3+t^3+3st(s+t)$
(4) $a^3-b^3-a^2+b^2$

● ★★ 和の立方と差の立方

乗法公式
$(a+b)^3=a^3+3a^2b+3ab^2+b^3$, $(a-b)^3=a^3-3a^2b+3ab^2-b^3$
の左辺と右辺を入れかえて，因数分解の公式として利用する。

●因数分解の公式6
$a^3+3a^2b+3ab^2+b^3=(a+b)^3$ （和の立方になる公式）
$a^3-3a^2b+3ab^2-b^3=(a-b)^3$ （差の立方になる公式）

上の公式を1つにまとめて，次のように書くことがある。
$a^3\pm3a^2b+3ab^2\pm b^3=(a\pm b)^3$ （複号同順）

例 $x^3+3x^2+3x+1=(x+1)^3$
$x^3-3x^2+3x-1=(x-1)^3$

●気をつけよう！
符号の関係に注意する。

参考 前ページの公式は，立方の和の公式や立方の差の公式を使って因数分解すると，共通因数が現れ，その共通因数をくくり出すことにより，次のように導くこともできる。

$$a^3+3a^2b+3ab^2+b^3=a^3+b^3+3a^2b+3ab^2$$
$$=(a+b)(a^2-ab+b^2)+3ab(a+b)$$
$$=(a+b)\{(a^2-ab+b^2)+3ab\}$$
$$=(a+b)(a^2+2ab+b^2)$$
$$=(a+b)^3$$

$$a^3-3a^2b+3ab^2-b^3=a^3-b^3-3a^2b+3ab^2$$
$$=(a-b)(a^2+ab+b^2)-3ab(a-b)$$
$$=(a-b)\{(a^2+ab+b^2)-3ab\}$$
$$=(a-b)(a^2-2ab+b^2)$$
$$=(a-b)^3$$

例題28 ★★ 和の立方と差の立方

次の式を因数分解せよ。
(1) $x^3+6x^2y+12xy^2+8y^3$　　(2) $27a^3-54a^2b+36ab^2-8b^3$

解説 和の立方になる公式，差の立方になる公式を使うときは，着目した文字について2次の項と1次の項から3をくくり出すことができるかどうかを確かめる。

(1) $x^3+6x^2y+12xy^2+8y^3$
$=x^3+3\cdot x^2\cdot 2y+3\cdot x\cdot(2y)^2+(2y)^3$
であるから，和の立方になる公式を適用する。

3をくくり出す
$x^3+3\cdot x^2\cdot 2y+3\cdot x\cdot(2y)^2+(2y)^3$

(2) $27a^3-54a^2b+36ab^2-8b^3=(3a)^3-3\cdot(3a)^2\cdot 2b+3\cdot 3a\cdot(2b)^2-(2b)^3$
であるから，差の立方になる公式を適用する。

3をくくり出す
$(3a)^3-3\cdot(3a)^2\cdot 2b+3\cdot 3a\cdot(2b)^2-(2b)^3$

解答 (1) $x^3+6x^2y+12xy^2+8y^3=x^3+3\cdot x^2\cdot 2y+3\cdot x\cdot(2y)^2+(2y)^3$
$=(x+2y)^3$

(2) $27a^3-54a^2b+36ab^2-8b^3=(3a)^3-3\cdot(3a)^2\cdot 2b+3\cdot 3a\cdot(2b)^2-(2b)^3$
$=(3a-2b)^3$

|別解| 立方の和の公式や立方の差の公式を使って共通因数を見つける方法でも，次のように因数分解できる。

(1) $x^3+6x^2y+12xy^2+8y^3 = x^3+8y^3+6x^2y+12xy^2$
$= x^3+(2y)^3+6xy(x+2y)$
$= (x+2y)\{x^2-x\cdot 2y+(2y)^2\}+6xy(x+2y)$
$= (x+2y)(x^2-2xy+4y^2)+6xy(x+2y)$
$= (x+2y)\{(x^2-2xy+4y^2)+6xy\}$
$= (x+2y)(x^2+4xy+4y^2)$
$= (x+2y)^3$

(2) $27a^3-54a^2b+36ab^2-8b^3$
$= 27a^3-8b^3-54a^2b+36ab^2$
$= (3a)^3-(2b)^3-18ab(3a-2b)$
$= (3a-2b)\{(3a)^2+3a\cdot 2b+(2b)^2\}-18ab(3a-2b)$
$= (3a-2b)\{(9a^2+6ab+4b^2)-18ab\}$
$= (3a-2b)(9a^2-12ab+4b^2)$
$= (3a-2b)^3$

演習問題

37 ★★ 次の式を因数分解せよ。

(1) $x^3+9x^2+27x+27$　　(2) $8a^3-12a^2+6a-1$

(3) $27x^3-108x^2y+144xy^2-64y^3$　　(4) $125s^3+150s^2t+60st^2+8t^3$

> **例題29** ★★ **3数の立方の和①**
> $x^3+y^3=(x+y)^3-3xy(x+y)$ を利用して，$x^3+y^3+z^3-3xyz$ を因数分解せよ。

|解説| 一般に，
$(a+b)^3 = a^3+3a^2b+3ab^2+b^3 = a^3+b^3+3ab(a+b)$
より，
$a^3+b^3 = (a+b)^3-3ab(a+b)$
が成り立つ。この式は，よく使われるので覚えておくとよい。
$x^3+y^3=(x+y)^3-3xy(x+y)$ を利用すると，
$x^3+y^3+z^3-3xyz = \{(x+y)^3-3xy(x+y)\}+z^3-3xyz$
$= (x+y)^3+z^3-3xy(x+y)-3xyz$
$= \{(x+y)^3+z^3\}-3xy\{(x+y)+z\}$
となる。ここで，$(x+y)^3+z^3$ を因数分解すると，共通因数 $x+y+z$ が現れる。

解答　　$x^3+y^3+z^3-3xyz$
　　　　$=\{(x+y)^3-3xy(x+y)\}+z^3-3xyz$
　　　　$=(x+y)^3+z^3-3xy(x+y)-3xyz$
　　　　$=\{(x+y)+z\}\{(x+y)^2-(x+y)z+z^2\}-3xy\{(x+y)+z\}$
　　　　$=(x+y+z)\{(x+y)^2-(x+y)z+z^2-3xy\}$
　　　　$=(x+y+z)(x^2+2xy+y^2-xz-yz+z^2-3xy)$
　　　　$=(x+y+z)(x^2+y^2+z^2-xy-yz-zx)$

この結果は公式として使ってよい。この結果は，15 ページの乗法公式
$$(a+b+c)(a^2+b^2+c^2-ab-bc-ca)=a^3+b^3+c^3-3abc$$
の左辺と右辺を入れかえたものである。

> ●因数分解の公式 7
> $$a^3+b^3+c^3-3abc=(a+b+c)(a^2+b^2+c^2-ab-bc-ca)$$
> 　　　　　　　　　　　　　　（3 数の立方の和の公式）

例題 30 ★★ 3 数の立方の和②
$x^3+8y^3+6xy-1$ を因数分解せよ。

解説　$x^3+(2y)^3=(x+2y)^3-3\cdot x\cdot 2y(x+2y)$ を利用してもよいが，x^3，$(2y)^3$，$(-1)^3$ と 3 乗の項が 3 つあるので，3 数の立方の和の公式を適用できるかどうか確かめる。$6xy=-3\times x\times 2y\times(-1)$ と変形できるから，適用できることがわかる。

$$x^3+8y^3+6xy-1=x^3+(2y)^3+(-1)^3-3\cdot x\cdot 2y\cdot(-1)$$
$$a^3+\ \ b^3\ \ +\ \ c^3\ \ -\ \ 3abc$$

解答　$x^3+8y^3+6xy-1=x^3+(2y)^3+(-1)^3-3\cdot x\cdot 2y\cdot(-1)$
　　　　　　　　　　$=(x+2y-1)\{x^2+(2y)^2+(-1)^2-x\cdot 2y-2y\cdot(-1)-(-1)\cdot x\}$
　　　　　　　　　　$=(x+2y-1)(x^2+4y^2+1-2xy+2y+x)$
　　　　　　　　　　$=(x+2y-1)(x^2-2xy+4y^2+x+2y+1)$

別解　例題 29 と同様にして，
　　　$x^3+8y^3+6xy-1=(x+2y)^3-3\cdot x\cdot 2y(x+2y)+6xy-1$
　　　　　　　　　　$=(x+2y)^3-1^3-6xy(x+2y)+6xy$
　　　　　　　　　　$=(x+2y-1)\{(x+2y)^2+(x+2y)\cdot 1+1^2\}-6xy(x+2y-1)$
　　　　　　　　　　$=(x+2y-1)\{(x+2y)^2+(x+2y)+1-6xy\}$
　　　　　　　　　　$=(x+2y-1)(x^2+4xy+4y^2+x+2y+1-6xy)$
　　　　　　　　　　$=(x+2y-1)(x^2-2xy+4y^2+x+2y+1)$

演習問題

38 ★★ 次の式を因数分解せよ。

(1) $x^3+y^3-6xy+8$

(2) $8a^3+b^3+18ab-27$

(3) $27s^3-8t^3-18st-1$

(4) $64s^3-125t^3-60st-1$

コラム　$x^3+y^3+z^3-3xyz$ の因数分解と 3 次方程式

$x^3+y^3+z^3-3xyz$ の因数分解の公式は，長くて覚えにくいし，一体何に使うのかと思う人も多いことでしょう。

この因数分解の公式は，3 次方程式を解くのに役立ちます。

ここで，3 乗すると 1 になる数で 1 でないものを ω（オメガ）とおきます（仮にそのような数があるものとします）。このとき，

$\omega^3-1=0$ より，$(\omega-1)(\omega^2+\omega+1)=0$

$\omega \neq 1$ より，　　$\omega^2+\omega+1=0$

となります。このことを使うと，次の式が成り立ちます。

$$x^3+y^3+z^3-3xyz=(x+y+z)(x+\omega y+\omega^2 z)(x+\omega^2 y+\omega z)$$

この式をもとにして，3 次方程式を解くことができます。

たとえば，3 次方程式 $x^3-6x+9=0$ を解いてみましょう。
$x^3-6x+9=0$ を $x^3-3xyz+y^3+z^3=0$ と比べると，$yz=2$ で $y^3+z^3=9$
となる 2 数を求めればよいことになります。

$yz=2$ の両辺を 3 乗すると，$y^3z^3=8$

$z^3=9-y^3$ より，

$\qquad y^3(9-y^3)=8 \qquad (y^3)^2-9y^3+8=0 \qquad (y^3-1)(y^3-8)=0$

よって，$y^3=1, 8$ より，$y=1, 2$ となり，$y<z$ とすると，$y=1, z=2$ が得られます。

これより，$x^3+y^3+z^3-3xyz$ の因数分解を利用すると，

$\qquad x^3-6x+9=(x+1+2)(x+\omega+2\omega^2)(x+\omega^2+2\omega)$

と因数分解されて，与えられた方程式は，

$\qquad (x+3)(x+\omega+2\omega^2)(x+\omega^2+2\omega)=0$

となります。ゆえに，$x=-3, -\omega-2\omega^2, -\omega^2-2\omega$ と解が得られました。

ここで，ω はどのような数でしょうか。2 乗して -1 となる数を i（虚数単位といいます）とすると，$\omega=\dfrac{-1+\sqrt{3}\,i}{2}$ となることが知られています。

総合問題

1 次の式を因数分解せよ。
(1) x^2-8x-9 (2) x^2+8x-9 (3) x^2-9
(4) $x^2-10x+9$ (5) x^2+x-6 (6) x^2-5x+6
(7) x^2-5x-6 (8) x^2-3x-4 (9) $x^2-17x+30$
(10) $x^2-13x+30$ (11) $x^2-7x-78$ (12) $x^2-29x-30$
(13) $x^2-31x+30$ (14) $x^2-15x+36$ (15) $x^2-5x-36$
(16) $x^2-9x-36$ (17) $s^2+10s+21$ (18) $x^2+14xy+24y^2$
(19) $x^2+2xy-24y^2$ (20) $x^2+11xy+24y^2$ (21) $x^2+10xy-24y^2$
(22) $x^2+5xy-24y^2$ (23) $a^2-10ab+16b^2$ (24) a^2-16b^2
(25) $a^2+17ab+16b^2$ (26) $x^2-4xy-45y^2$ (27) $x^2-18xy+45y^2$
(28) $x^2+12xy-45y^2$ (29) $s^2+10st-56t^2$ (30) $s^2-30st+56t^2$
(31) $s^2-26st-56t^2$ (32) $x^2+18xy+32y^2$ (33) $x^2+40xy+300y^2$
(34) $x^2-35xy+300y^2$ (35) $x^2+13xy-300y^2$ (36) $x^2-56xy+300y^2$

2 次の式を因数分解せよ。
(1) $25x^2-60x+36$ (2) $x^2-\frac{5}{2}xy+\frac{25}{16}y^2$ (3) $a^3b-4a^2b^2+4ab^3$
(4) $(x+2)^2+6(x+2)+9$ (5) $(x^2+2x+2)^2-2(x^2+2x+2)+1$

3 次の式を因数分解せよ。
(1) $64a^2-81b^2$ (2) $50x^2-32y^2$ (3) $5x^3y-5xy^3$
(4) $(x^2+y^2)^2-4x^2y^2$ (5) $(x+7)^2-25$ (6) $x^2-36(y+z)^2$
(7) $(x^2+x-1)^2-1$ (8) $x^2-y^2+(x+y)^2$ (9) $(x-y)z^2+y-x$
(10) x^2-9y^2-x+3y (11) $4(a-b)^3-(a-b)$ (12) $-2xy+1-x^2-y^2$
(13) $(x^2+x)^2-16(x+1)^2$ (14) $(x^2+y^2-z^2)^2-4x^2y^2$
(15) $x^3-5x^2y-6xy^2$ (16) x^4-17x^2+16
(17) $2a^4-6a^3-36a^2$ (18) $a^2(x-1)+b^2(1-x)$
(19) $(x^2+2x)^2-2(x^2+2x)-3$ (20) $(x^2+x)^2+(x^2+x)-42$
(21) $(x+y)^2-(x+y)y-2y^2$ (22) $(x+3)(x-2)-(2x+7)(x-2)$
(23)★★ t^3-5t^2-t+5 (24)★★ x^3+x^2-9x-9
(25)★★ $2x^3+3x^2-2x-3$ (26)★★ $27s^3t^3-9s^2t^2-3st+1$
(27)★★ $3x^3+4x^2y-12xy^2-16y^3$ (28)★★ $3x^3+x^2y-\frac{1}{3}xy^2-\frac{1}{9}y^3$

4 ★ 次の式を因数分解せよ。

(1) $14a^2+23a+3$
(2) $15t^2-31t+16$
(3) $15t^2+22t-16$
(4) $15t^2+8t-16$
(5) $14a^2+13a+3$
(6) $15t^2-239t-16$
(7) $8x^2-2x-15$
(8) $9x^2-17x-2$
(9) $14a^2+a-3$
(10) $8x^2-14x-15$
(11) $15t^2-38t+16$
(12) $14a^2-a-3$
(13) $8x^2+37x-15$
(14) $15t^2-83t+16$
(15) $9x^2-3x-2$
(16) $8x^2-19x-15$
(17) $14a^2+41a-3$
(18) $8x^2+26x+15$
(19) $15t^2-64t+16$
(20) $15t^2+53t+16$
(21) $8x^2+19x-15$
(22) $15t^2+241t+16$
(23) $15t^2-46t+16$
(24) $14a^2-11a-3$
(25) $15t^2-32t+16$
(26) $8x^2-29x+15$
(27) $15t^2+122t+16$
(28) $8x^2+22x+15$
(29) $12x^2-19x-18$
(30) $15t^2-34t-16$
(31) $14a^2+19a-3$
(32) $15t^2-14t-16$
(33) $15t^2+118t-16$
(34) $16x^2+54xy+35y^2$
(35) $16x^2-46xy-35y^2$
(36) $3a^2-13ab-10b^2$
(37) $3a^2-ab-10b^2$
(38) $3a^2+17ab+10b^2$
(39) $12s^2-11st-15t^2$
(40) $16x^2+46xy-35y^2$
(41) $16x^2-26xy-35y^2$
(42) $16x^2+66xy+35y^2$
(43) $3a^2-17ab+10b^2$
(44) $3a^2-11ab+10b^2$
(45) $3a^2-29ab-10b^2$
(46) $18x^2+57xy+35y^2$
(47) $18x^2+51xy+35y^2$
(48) $18x^2-9xy-35y^2$

5 ★ 次の式を因数分解せよ。

(1) $2x^2y-7xy+6y$
(2) $6a^2b+5ab^2-4b^3$
(3) $4x^2y+20xyz+9yz^2$
(4) $6x^5-2x^3-4x$
(5) $(3a^2+a)^2-6(3a^2+a)+8$
(6) $4x^4-17x^2+4$
(7) $ax^2-(a^2-b^2)x-ab^2$
(8) $abx^2+(a^2-b^2)x-ab$

6 ★★ 次の式を因数分解せよ。

(1) $64x^3+343y^3$
(2) $6x^3-\dfrac{16}{9}y^3$
(3) $2a^5+16a^2b^3$
(4) $27a^3+8b^3+18ab(3a+2b)$
(5) $-3x^3+9x^2-9x+3$
(6) $\dfrac{4}{3}x^3+2x^2y+xy^2+\dfrac{1}{6}y^3$
(7) $p^4-9p^3q+27p^2q^2-27pq^3$
(8) $x^3+8y^3-6xy+1$
(9) $8a^3+b^3-18ab+27$
(10) $27x^3-8y^3+18xy+1$
(11) $4a^3+4b^3-6ab+\dfrac{1}{2}$

4章 公式を組み合わせた因数分解

　この章では，共通因数がすぐには見つからず，因数分解の公式が直接適用できないとき，因数分解ができるようにするさまざまな工夫について学習する。

1 特定の文字について1次の式

　共通因数がすぐには見つからず，因数分解の公式が直接適用できないとき，まず着目するのは，整式に含まれる文字についての**次数**である。
　たとえば，$x^2y+x^2+yz^2+z^2$ の因数分解を考えてみよう。
　x, y, z それぞれの次数を見ると，

x については 2 次
y については 1 次
z については 2 次

である。このとき，次数の最も低い文字は，y で 1 次である。
　y について降べきの順に整理すると，

$$x^2y+x^2+yz^2+z^2=x^2y+z^2y+x^2+z^2$$
$$=(x^2+z^2)y+x^2+z^2$$

となるから，共通因数が x^2+z^2 であることがわかる。
　したがって，

$$x^2y+x^2+yz^2+z^2=(x^2+z^2)y+(x^2+z^2)$$
$$=(x^2+z^2)(y+1)$$
$$=(y+1)(x^2+z^2)$$

と因数分解できる。
　このように，2種類以上の文字を含む整式では，**次数の最も低い1次の文字について整理**すると，共通因数が見えてくる。

例題1　　**1次の文字について整理する①**
　　$xy+2x-3y-6$ を因数分解せよ。

　解説　　x, y の次数を見ると，どちらも 1 次である。このようなときはどちらの文字について整理しても，共通因数が見えてくる。
　解答　　$xy+2x-3y-6=(y+2)x-3(y+2)=(y+2)(x-3)=(x-3)(y+2)$

演習問題

1 次の式を因数分解せよ。
(1) $xy+x+y+1$
(2) $ab+bc+cd+da$
(3) $xy-yz+2x-2z$
(4) $xy-3x+8y-24$
(5) $2ab-3a-4b+6$
(6) $ax+x-a-1$
(7) $ax-by+bx-ay$
(8) $ax-bx-a+b+1-x$

例題2　1次の文字について整理する②

次の式を因数分解せよ。
(1) $a^2b+a^2c-ab^2-b^2c$
(2) $ax^2-(ab-1)x-b$

解説　まず，次数の最も低い1次の文字に着目して，その文字について降べきの順に整理する。つぎに，1次の項の係数や定数項を因数分解すると，共通因数が見えてくる。

(1) a, b, c それぞれの次数を見ると，aについては2次，bについては2次，cについては1次である。このとき，次数の最も低い文字は，cで1次である。

　cについて整理すると，
$$a^2b+a^2c-ab^2-b^2c=(a^2-b^2)c+a^2b-ab^2$$
となる。1次の項 c の係数は，
$$a^2-b^2=(a+b)(a-b)$$
であるから，$a+b$ か $a-b$ のどちらかは共通因数である可能性がある。そこで，残りの式（定数項）を見ると，
$$a^2b-ab^2=ab(a-b)$$
となり，$a-b$ が共通因数であることがわかる。

(2) a, b, x それぞれの次数を見ると，aについては1次，bについては1次，xについては2次である。次数の最も低い文字は，a, b で1次であり，どちらの文字について整理しても結果は同じになる。

　aについて整理すると，
$$ax^2-(ab-1)x-b=(x^2-bx)a+x-b$$
となる。1次の項 a の係数は，
$$x^2-bx=x(x-b)$$
であるから，x か $x-b$ のどちらかは共通因数である可能性がある。そこで，残りの式（定数項）を見ると $x-b$ が共通因数であることがわかる。

　また，別解のように，bについて整理してもよい。bについて整理すると，
$$ax^2-(ab-1)x-b=(-ax-1)b+ax^2+x$$
となる。1次の項 b の係数は，
$$-ax-1=-(ax+1)$$

であるから，$ax+1$ が共通因数である可能性がある。残りの式（定数項）を見ると，
$$ax^2+x=x(ax+1)$$
となり，$ax+1$ が共通因数であることがわかる。

[解答]　(1)　$a^2b+a^2c-ab^2-b^2c$
　　　　　　$=(a^2-b^2)c+a^2b-ab^2$　　　c について整理する
　　　　　　$=(a+b)(a-b)c+ab(a-b)$　　c の係数・定数項を因数分解
　　　　　　$=(a-b)\{(a+b)c+ab\}$　　　共通因数をくくり出す
　　　　　　$=(a-b)(ac+bc+ab)$
　　　　　　$=(a-b)(ab+bc+ca)$

　　　　(2)　$ax^2-(ab-1)x-b$
　　　　　　$=(x^2-bx)a+x-b$　　　a について整理する
　　　　　　$=x(x-b)a+(x-b)$　　　a の係数を因数分解
　　　　　　$=(x-b)(ax+1)$　　　　共通因数をくくり出す
　　　　　　$=(ax+1)(x-b)$

[別解]　(2)　$ax^2-(ab-1)x-b$
　　　　　　$=(-ax-1)b+ax^2+x$　　　b について整理する
　　　　　　$=-(ax+1)b+x(ax+1)$　　定数項を因数分解
　　　　　　$=(ax+1)(-b+x)$　　　　共通因数をくくり出す
　　　　　　$=(ax+1)(x-b)$

■ポイント
次数の最も低い1次の文字について整理すると，共通因数が見つかる。

演習問題

2　次の式を因数分解せよ。
(1)　a^2+ac-b^2-bc
(2)　$a^2+bc-ab-ac$
(3)　$a^2b+a^2c-b^2c+ab^2$
(4)　$a(a+c)-b(b-c)$
(5)　$x^2(y-z)+y^2(z-x)$
(6)　$a^2b-a^2c+b^2c-b^3$
(7)　$x^3-3ax^2+2x-6a$
(8)　$x^2-3ax+x-6a-2$

3　次の式を因数分解せよ。
(1)　$x^2-2xy+3x-2y+2$
(2)★　$2x^2+2xy-5xz-4yz+2z^2$
(3)　$pqx^3+(p^2-q)x^2-2px+1$
(4)　$abc-ab-bc-ca+a+b+c-1$
(5)　$a^2+b^2+2ab+2bc+2ca$
(6)　$a^2b+ab^2-a^2c+b^2-abc-bc$
(7)　$a^2bc+ac^2+acd-abd^2-cd^2-d^3$

2 ★ 2 次以上の式

　整式に含まれる文字に着目して次数を調べたとき，1次の文字があれば，共通因数が見つかりやすい。しかし，1次の文字がないときは別の方法を考えなければならない。この節では，すべての文字について2次以上であるような式の因数分解を学習する。

　たとえば，$x^2+y^2+4z^2+2xy+4yz+4zx$ の因数分解を考えてみよう。

　この式は，

x について2次式，y について2次式，z について2次式

であり，どの文字についても2次式である。このようなときは，1つの文字を選んで降べきの順に整理して，共通因数があるかどうか，因数分解の公式が適用できるかどうかを調べる。

　x について降べきの順に整理すると，

$$x^2+y^2+4z^2+2xy+4yz+4zx = x^2+(2y+4z)x+y^2+4yz+4z^2$$

となる。1次の項の係数は，

$$2y+4z = 2(y+2z)$$

定数項は，

$$y^2+4yz+4z^2 = (y+2z)^2$$

であるから，$y+2z=X$ とおくと，

$$x^2+y^2+4z^2+2xy+4yz+4zx = x^2+2Xx+X^2$$
$$=(x+X)^2$$

となる。

　したがって，

$$x^2+y^2+4z^2+2xy+4yz+4zx = (x+y+2z)^2$$

と因数分解できる。

参考　乗法公式

$$(a+b+c)^2 = a^2+b^2+c^2+2ab+2bc+2ca$$

より，

$$a^2+b^2+c^2+2ab+2bc+2ca = (a+b+c)^2$$

となる。これを公式として使ってよい。

　この公式を使って，

$$x^2+y^2+4z^2+2xy+4yz+4zx$$
$$=x^2+y^2+(2z)^2+2\cdot x\cdot y+2\cdot y\cdot 2z+2\cdot 2z\cdot x$$
$$=(x+y+2z)^2$$

と因数分解してもよい。

● ★ 1つの文字に着目する

> **例題3 ★** 1つの文字に着目する①
> $4x^2+y^2+9z^2-4xy-6yz+12zx$ を因数分解せよ。

解説 x, y, z のどの文字についても2次式である。このようなときは，1つの文字に着目して，その文字について降べきの順に整理する。どの文字に着目してもよいが，この問題では，2次の項の係数が1である y について整理すると，

$$4x^2+y^2+9z^2-4xy-6yz+12zx=y^2+(-4x-6z)y+4x^2+12zx+9z^2$$

となる。ここで，

$$-4x-6z=-2(2x+3z), \qquad 4x^2+12zx+9z^2=(2x+3z)^2$$

であるから，$2x+3z=X$ とおくことにより，因数分解できる。

解答 $4x^2+y^2+9z^2-4xy-6yz+12zx=y^2+(-4x-6z)y+4x^2+12zx+9z^2$
$\qquad\qquad\qquad\qquad\qquad\qquad\quad =y^2-2(2x+3z)y+(2x+3z)^2$

ここで，$2x+3z=X$ とおくと，
$4x^2+y^2+9z^2-4xy-6yz+12zx=y^2-2Xy+X^2=(y-X)^2$
$\qquad\qquad\qquad\qquad\qquad\qquad\quad =\{y-(2x+3z)\}^2=(y-2x-3z)^2$
$\qquad\qquad\qquad\qquad\qquad\qquad\quad =(2x-y+3z)^2$

別解 $4x^2+y^2+9z^2-4xy-6yz+12zx$
$\qquad =(2x)^2+(-y)^2+(3z)^2+2\cdot 2x\cdot(-y)+2\cdot(-y)\cdot 3z+2\cdot 3z\cdot 2x$
$\qquad =(2x-y+3z)^2$

注意 慣れてきたら，$2x+3z=X$ とおかずに，次のように因数分解してもよい。
$4x^2+y^2+9z^2-4xy-6yz+12zx=y^2-2(2x+3z)y+(2x+3z)^2$
$\qquad\qquad\qquad\qquad\qquad\qquad\quad =\{y-(2x+3z)\}^2=(y-2x-3z)^2$
$\qquad\qquad\qquad\qquad\qquad\qquad\quad =(2x-y+3z)^2$

注意 本書では，見やすくするためにアルファベット順に整理して，
$(y-2x-3z)^2=\{-(2x-y+3z)\}^2=(2x-y+3z)^2$ より，$(2x-y+3z)^2$ を答えとするが，$(y-2x-3z)^2$ を答えとしてもよい。

注意 別解は，公式 $a^2+b^2+c^2+2ab+2bc+2ca=(a+b+c)^2$ を使っているが，この公式の利用を見抜くのに手間がかかる上に，似たような問題でこの公式が使えない問題もあるので，**1つの文字について整理する**方が安全である（→p.75，例題6(2)，(3)参照）。

参考 $4x^2+y^2+9z^2-4xy-6yz+12zx=y^2+(-4x-6z)y+(2x+3z)^2$ と変形すると，y についての2次3項式となるから，$-4x-6z$ を1次の項の係数，$(2x+3z)^2$ を定数項とみて，右のようにたすき掛けで確かめてもよい。

$$\begin{array}{ccc} 1 & \diagdown & -(2x+3z) \longrightarrow -2x-3z \\ 1 & \diagup & -(2x+3z) \longrightarrow \underline{-2x-3z} \\ & & -4x-6z \end{array}$$

また，このように，2次の項 y^2 の係数が1である場合でも，たすき掛けを使うと，確認が容易になる。

演習問題

4 ★ 次の式を因数分解せよ。
(1) $a^2+b^2+c^2-2ab+2bc-2ca$
(2) $x^2+4y^2+9z^2+4xy+12yz+6zx$
(3) $4a^2+b^2+c^2+4ab-2bc-4ca$
(4) $x^2+9y^2+25z^2-6xy-30yz+10zx$

例題4 ★ **1つの文字に着目する②**

$a^2(b-c)+b^2(c-a)+c^2(a-b)$ を因数分解せよ。

[解説] a, b, c のどの文字についても2次式である。このようなときは、1つの文字に着目して、その文字について降べきの順に整理する。

まず、a について整理すると、
$$a^2(b-c)+b^2(c-a)+c^2(a-b)=(b-c)a^2+(c^2-b^2)a+b^2c-bc^2$$
となる。

つぎに、係数や定数項となる文字式を因数分解して共通因数があるかどうか、公式が適用できるかどうかを考える。

1次の項の係数は、
$$c^2-b^2=-(b^2-c^2)=-(b+c)(b-c)$$
であり、定数項は、
$$b^2c-bc^2=bc(b-c)$$
であるから、共通因数が $b-c$ であることがわかる。

[解答] $a^2(b-c)+b^2(c-a)+c^2(a-b)$
$=(b-c)a^2+(c^2-b^2)a+b^2c-bc^2$ 〉a について降べきの順に整理する
$=(b-c)a^2-(b+c)(b-c)a+bc(b-c)$ 〉a の係数・定数項を因数分解
$=(b-c)\{a^2-(b+c)a+bc\}$ 〉共通因数をくくり出す
$=(b-c)(a-b)(a-c)$ 〉中かっこの中を因数分解
$=-(a-b)(b-c)(c-a)$

[注意] 本書では、見やすくするために輪環の順に整理して、$-(a-b)(b-c)(c-a)$ を答えとするが、$(b-c)(a-b)(a-c)$ を答えとしてもよい。

[注意] $a^2(b-c)+b^2(c-a)+c^2(a-b)$ を、a について降べきの順に整理するときは、a に着目して、2次の項、1次の項、定数項の順に書くことから、まず、

$$\Box a^2+\Box a+\Box$$

と考えて、つぎに、$\Box$ の中に b, c の式を入れていくとよい。

演習問題

5★ 次の式を因数分解せよ。
(1) $a^2b+ab^2+b^2c-bc^2-c^2a-ca^2$
(2) $ab^2+ac^2+bc^2+ba^2+ca^2+cb^2+2abc$
(3) $a(b^2-c^2)+b(c^2-a^2)+c(a^2-b^2)$
(4) $ab(a-b)+bc(b-c)+ca(c-a)$
(5) $a(b+c)^2+b(c+a)^2+c(a+b)^2-4abc$

● ★ たすき掛け

例題5 ★ **たすき掛け**
$2x^2-xy-y^2-7x+y+6$ を因数分解せよ。

解説 x, y のどちらの文字についても2次式であるから，1つの文字に着目して，その文字について降べきの順に整理する。

まず，x について整理すると，
$$2x^2-xy-y^2-7x+y+6=2x^2+(-y-7)x-y^2+y+6$$
$$=2x^2+(-y-7)x-(y^2-y-6)$$

つぎに，定数項を因数分解して共通因数があるか，公式が適用できるかを考える。
$$-(y^2-y-6)=-(y-3)(y+2)$$

であるから，共通因数は見つからない。

そこで，$2x^2+(-y-7)x-(y-3)(y+2)$ を，

x についての2次3項式とみて右のようにたすき掛けをする。

```
1   -(y+2)  →  -2y-4
2   y-3     →   y-3
                -y-7
```

解答 $2x^2-xy-y^2-7x+y+6$
$=2x^2+(-y-7)x-(y^2-y-6)$ ← x について降べきの順に整理する
$=2x^2+(-y-7)x-(y-3)(y+2)$ ← 定数項を因数分解
$=\{x-(y+2)\}\{2x+(y-3)\}$ ← たすき掛け
$=(x-y-2)(2x+y-3)$ ← かっこをはずす

解説 別解1のように，y について整理してもよい。

別解1 $2x^2-xy-y^2-7x+y+6$
$=-y^2+(-x+1)y+2x^2-7x+6$
$=-y^2-(x-1)y+(x-2)(2x-3)$
$=-\{y^2+(x-1)y-(x-2)(2x-3)\}$
$=-\{y-(x-2)\}\{y+(2x-3)\}$
$=-(y-x+2)(y+2x-3)$
$=-(-x+y+2)(2x+y-3)$
$=(x-y-2)(2x+y-3)$

```
1   -2   →  -4
2   -3   →  -3
             -7
```

```
1   -(x-2)  →  -x+2
1   2x-3    →   2x-3
                 x-1
```

[解説] 別解2のように，t についての2次3項式と考えて因数分解してもよい。

$2x^2-xy-y^2-7x+y+6$ において，$2x^2-xy-y^2$ は2次式で，$-7x+y$ は1次式である。そこで，新たな文字 t を導入して，2次の部分には t^2，1次の部分には t をつけ加えた t についての2次3項式

$$(2x^2-xy-y^2)t^2+(-7x+y)t+6$$

と考えて因数分解する。

2次の項の係数は，
$$2x^2-xy-y^2=(x-y)(2x+y)$$

であるから，
$$(2x^2-xy-y^2)t^2+(-7x+y)t+6=(x-y)(2x+y)t^2+(-7x+y)t+6$$

となり，右のようにたすき掛けをすることができる。
よって，
$$(2x^2-xy-y^2)t^2+(-7x+y)t+6=\{(x-y)t-2\}\{(2x+y)t-3\}$$

ここで，$t=1$ とすると，求める式が得られる。

[別解2] $2x^2-xy-y^2$ に t^2，$-7x+y$ に t をつけ加えて，

$(2x^2-xy-y^2)t^2+(-7x+y)t+6$
$=(x-y)(2x+y)t^2+(-7x+y)t+6$ ← t^2 の係数を因数分解
$=\{(x-y)t-2\}\{(2x+y)t-3\}$ ← たすき掛け

この式に $t=1$ を代入して，
$$2x^2-xy-y^2-7x+y+6=(x-y-2)(2x+y-3)$$

コラム

マボロシの t

実際は t がないにもかかわらず，t があるかのように式を扱うことから，この方法を「マボロシの t」の方法と呼ぶことにします。

慣れてきたら，まず2次の部分を1か所に集めて因数分解し，つぎに t^2，t があるとみなして，たすき掛けをするとよいでしょう。

$2x^2-xy-y^2-7x+y+6$
$=(2x^2-xy-y^2)+(-7x+y)+6$ ← t^2，t があるとみなす
$=(x-y)(2x+y)+(-7x+y)+6$ ← t^2，t があるとみなす
$=\{(x-y)-2\}\{(2x+y)-3\}$
$=(x-y-2)(2x+y-3)$

演習問題

6 ★ 次の式を因数分解せよ。

(1) $x^2-5xy+6y^2-x+y-2$ 　　(2) $x^2-y^2+3x+y+2$

(3) $x^2+2xy+y^2-3x-3y+2$ 　(4) $2x^2-xy-6y^2-3x+13y-5$

(5) $2x^2-5xy-3y^2+x+11y-6$ 　(6) $x^2+xy-6y^2-x+2y$

例題6 ★ 　**1つの文字に着目する③**

次の式を因数分解せよ。

(1) $(a+b)(b+c)(c+a)+abc$

(2) $9x^2+16y^2+4z^2-24xy-16yz+12zx$

(3) $9x^2+16y^2+9z^2-24xy-40yz+30zx$

(4) $a^3+a^2b-a(b^2+c^2)-b(b^2-c^2)$

解説　どの問題も，整式に含まれる文字について2次式または3次式である。このように2種類以上の文字を含む式では，**次数の最も低い文字について整理する。**

(1) a, b, c のどの文字についても2次式である。このようなときは，1つの文字に着目して，その文字について降べきの順に整理する。a について整理すると，

$$(a+b)(b+c)(c+a)+abc = (b+c)\{a^2+(b+c)a+bc\}+abc$$
$$= (b+c)a^2+\{(b+c)^2+bc\}a+bc(b+c)$$

となり，簡単には共通因数は見つからない。そこで，a についての2次3項式とみてたすき掛けをする。

(2) x, y, z のどの文字についても2次式である。x について降べきの順に整理すると，

$$9x^2+16y^2+4z^2-24xy-16yz+12zx = 9x^2+(-24y+12z)x+16y^2-16yz+4z^2$$
$$= 9x^2+(-24y+12z)x+4(4y^2-4yz+z^2)$$
$$= 9x^2+(-24y+12z)x+4(2y-z)^2$$

となり，たすき掛けできる。

または，

$$9x^2+16y^2+4z^2-24xy-16yz+12zx = 9x^2-12(2y-z)x+4(2y-z)^2$$
$$= (3x)^2-2\cdot3x\cdot(4y-2z)+(4y-2z)^2$$

であるから，完全平方式の公式を適用してもよい。

(3) x, y, z のどの文字についても2次式である。x について降べきの順に整理すると，

$$9x^2+16y^2+9z^2-24xy-40yz+30zx = 9x^2+(-24y+30z)x+16y^2-40yz+9z^2$$

となり，定数項 $16y^2-40yz+9z^2$ を，たすき掛けを使って因数分解すると，

$$9x^2+16y^2+9z^2-24xy-40yz+30zx = 9x^2+(-24y+30z)x+(4y-9z)(4y-z)$$

となり，さらにたすき掛けできる。

(4) a, b については 3 次式, c については 2 次式であるから, 次数の最も低い c について降べきの順に整理する。
$$a^3+a^2b-a(b^2+c^2)-b(b^2-c^2)=(-a+b)c^2+a^3+a^2b-ab^2-b^3$$
$$=-(a-b)c^2+a^3+a^2b-ab^2-b^3$$
となるから, $a-b$ が共通因数となることが予想できる。実際, 定数項は,
$$a^3+a^2b-ab^2-b^3=a^2(a+b)-b^2(a+b)$$
$$=(a+b)(a^2-b^2)=(a+b)^2(a-b)$$
となり, $a-b$ が共通因数であることがわかる。

[解答] (1) $(a+b)(b+c)(c+a)+abc$
$=(b+c)\{a^2+(b+c)a+bc\}+abc$
$=(b+c)a^2+\{(b+c)^2+bc\}a+bc(b+c)$
$=\{a+(b+c)\}\{(b+c)a+bc\}$
$=(a+b+c)(ab+bc+ca)$

$$\begin{array}{ccc} 1 & \diagdown & b+c \longrightarrow & (b+c)^2 \\ b+c & \diagup & bc \longrightarrow & bc \\ & & & \overline{(b+c)^2+bc} \end{array}$$

(2) $9x^2+16y^2+4z^2-24xy-16yz+12zx$
$=9x^2+(-24y+12z)x+16y^2-16yz+4z^2$
$=9x^2+(-24y+12z)x+4(2y-z)^2$
$=\{3x-2(2y-z)\}\{3x-2(2y-z)\}$
$=(3x-4y+2z)^2$

$$\begin{array}{ccc} 3 & \diagdown & -2(2y-z) \longrightarrow & -12y+6z \\ 3 & \diagup & -2(2y-z) \longrightarrow & -12y+6z \\ & & & \overline{-24y+12z} \end{array}$$

(3) $9x^2+16y^2+9z^2-24xy-40yz+30zx$
$=9x^2+(-24y+30z)x+16y^2-40yz+9z^2$
$=9x^2+(-24y+30z)x+(4y-9z)(4y-z)$
$=\{3x-(4y-9z)\}\{3x-(4y-z)\}$
$=(3x-4y+9z)(3x-4y+z)$

$$\begin{array}{ccc} 4 & \diagdown & -9 \longrightarrow & -36 \\ 4 & \diagup & -1 \longrightarrow & -4 \\ & & & \overline{-40} \end{array}$$

$$\begin{array}{ccc} 3 & \diagdown & -(4y-9z) \longrightarrow & -12y+27z \\ 3 & \diagup & -(4y-z) \longrightarrow & -12y+3z \\ & & & \overline{-24y+30z} \end{array}$$

(4) $a^3+a^2b-a(b^2+c^2)-b(b^2-c^2)=(-a+b)c^2+a^3+a^2b-ab^2-b^3$
$=-(a-b)c^2+a^2(a+b)-b^2(a+b)$
$=-(a-b)c^2+(a+b)(a^2-b^2)$
$=-(a-b)c^2+(a+b)^2(a-b)$
$=(a-b)\{-c^2+(a+b)^2\}$
$=(a-b)\{(a+b)^2-c^2\}$
$=(a-b)(a+b+c)(a+b-c)$

[参考] (2)は, $9x^2+16y^2+4z^2-24xy-16yz+12zx$
$=(3x)^2+(-4y)^2+(2z)^2+2\cdot3x\cdot(-4y)+2\cdot(-4y)\cdot2z+2\cdot2z\cdot3x$
$=(3x-4y+2z)^2$
と因数分解することもできるが, (3)ではこの方法は使えない。

演習問題

7 ★ 次の式を因数分解せよ。
(1) $x^2y^2+1-x^2-y^2$
(2) $x^2y^2-x^2-y^2+1-4xy$
(3) $4x^2+49y^2+25z^2-28xy+70yz-20zx$
(4) $4x^2+9y^2+25z^2-13xy-50yz+25zx$
(5) $xy^3+(x^2+1)y^2+x^2+xy+1$
(6) $a^2b+ab^2+abc-ac^2-bc^2-c^3$

● ★★ 3次以上の式

例題7 ★★ 3次以上の式の因数分解
$a^3(b-c)+b^3(c-a)+c^3(a-b)$ を因数分解せよ。

|解説| a, b, c のどの文字についても3次式である。どの文字についても3次以上の式であるときでも、1つの文字について降べきの順に整理することは有効である。

まず、a について降べきの順に整理すると、
$$a^3(b-c)+b^3(c-a)+c^3(a-b)=(b-c)a^3-(b^3-c^3)a+b^3c-bc^3$$
となり、1次の項の係数、定数項はそれぞれ、
$$-(b^3-c^3)=-(b-c)(b^2+bc+c^2)$$
$$b^3c-bc^3=bc(b^2-c^2)=bc(b+c)(b-c)$$
であるから、$b-c$ が共通因数である。したがって、共通因数 $b-c$ をくくり出すと、
$$a^3(b-c)+b^3(c-a)+c^3(a-b)=(b-c)\{a^3-(b^2+bc+c^2)a+bc(b+c)\}$$
となる。

つぎに、中かっこの中の式 $a^3-(b^2+bc+c^2)a+bc(b+c)$ は、a について3次式で、b, c については2次式である。そこで、b について降べきの順に整理すると、
$$a^3-(b^2+bc+c^2)a+bc(b+c)=(c-a)b^2+(c^2-ac)b+a^3-ac^2$$
$$=(c-a)b^2+c(c-a)b-a(c+a)(c-a)$$
となり、共通因数 $c-a$ が出てくる。したがって、$c-a$ をくくり出すと、
$$a^3-(b^2+bc+c^2)a+bc(b+c)=(c-a)\{b^2+cb-a(c+a)\}$$
となる。

さらに、中かっこの中の式 $b^2+cb-a(c+a)$ は、a, b について2次式で、c については1次式である。そこで、c について降べきの順に整理すると、
$$b^2+cb-a(c+a)=(b-a)c+b^2-a^2$$
$$=(b-a)c+(b+a)(b-a)$$
となり、共通因数 $b-a$ が見つけられる。

|解答| $a^3(b-c)+b^3(c-a)+c^3(a-b)$
$=(b-c)a^3-(b^3-c^3)a+b^3c-bc^3$) a について降べきの順
$=(b-c)a^3-(b-c)(b^2+bc+c^2)a+bc(b+c)(b-c)$) 係数・定数項を因数分解
$=(b-c)\{a^3-(b^2+bc+c^2)a+bc(b+c)\}$) $b-c$ をくくり出す
$=(b-c)\{(c-a)b^2+(c^2-ac)b+a^3-ac^2\}$) b について降べきの順
$=(b-c)\{(c-a)b^2+c(c-a)b-a(c+a)(c-a)\}$) 係数・定数項を因数分解
$=(b-c)(c-a)\{b^2+cb-a(c+a)\}$) $c-a$ をくくり出す
$=(b-c)(c-a)\{(b-a)c+b^2-a^2\}$) c について降べきの順
$=(b-c)(c-a)\{(b-a)c+(b+a)(b-a)\}$) 定数項を因数分解
$=(b-c)(c-a)(b-a)(c+b+a)$) $b-a$ をくくり出す
$=-(a-b)(b-c)(c-a)(a+b+c)$

演習問題

8 ** 次の式を因数分解せよ。
(1) $x(y^3-z^3)+y(z^3-x^3)+z(x^3-y^3)$
(2) $x(y-z)^3+y(z-x)^3+z(x-y)^3$
(3) $a^3(b^2-c^2)+b^3(c^2-a^2)+c^3(a^2-b^2)$
(4) $x^2y^2(x-y)+y^2z^2(y-z)+z^2x^2(z-x)$
(5) $ab(a^3-b^3)+bc(b^3-c^3)+ca(c^3-a^3)$
(6) $a^4(b-c)+b^4(c-a)+c^4(a-b)$
(7) $(x+y+z)^3-x^3-y^3-z^3$

● **因数分解の手順のまとめ**

因数分解の手順をまとめると，次のようになる。
(1) 共通因数がある場合は，共通因数をくくり出す。
(2) 公式が直接適用できる場合は，公式を適用する。
(3) 共通因数がすぐには見つからず，公式が直接適用できないとき，
① 1次の文字がある場合は，1次の文字について整理して，共通因数を見つける。
② 1次の文字がなく，2次の文字がある場合は，2次の文字について整理して，たすき掛けをする。
③ 1次の文字も2次の文字もない場合は，次数の最も低い1つの文字について整理して，共通因数を探す。

3 工夫のいる置き換え

この節では，前ページの手順(1)～(3)のようには因数分解できない整式の因数分解について学習する。ポイントは，因数分解の公式が使えるように置き換えをすることである。

● 置き換え

> **例題8** 式の一部を X とおく
> 次の式を因数分解せよ。
> (1) $(x^2+2x-2)(x^2+2x-3)-30$
> (2) $(x^2+4x-2)(x^2+5x-2)-12x^2$
> (3) $(x+1)(x+2)(x+3)(x+4)+1$
> (4) $(x^2-4x+3)(x^2+6x+8)+24$

[解説] 因数分解の公式が使えるように，式の一部を1つの文字 X に置き換えて展開・整理する。また，どの問題においても，X の式を因数分解して，X を x の式にもどした後，さらに因数分解できるかどうか検討する。

(1) $(x^2+2x-2)(x^2+2x-3)$ において，x^2+2x が共通していることに着目する。
$x^2+2x=X$ とおくと，
$$(x^2+2x-2)(x^2+2x-3)-30=(X-2)(X-3)-30=X^2-5X-24$$
のように X の2次式になる。

(2) $(x^2+4x-2)(x^2+5x-2)$ において，かっこ内の2次の項 x^2 と定数項 -2 が共通していることに着目して，$x^2-2=X$ とおく。X と x のどちらの文字についても2次式になるが，どちらの文字について因数分解しても結果は同じである。

(3) $x+1$，$x+2$，$x+3$，$x+4$ の積の組み合わせを考えて，(1)のような共通部分が現れるようにする。
$$(x+1)(x+4)=x^2+5x+4$$
$$(x+2)(x+3)=x^2+5x+6$$
であるから，$x+1$ と $x+4$，$x+2$ と $x+3$ をそれぞれ組み合わせて掛けると，x^2+5x が共通部分として現れる。

(4) このままでは共通部分はないが，
$$x^2-4x+3=(x-3)(x-1)$$
$$x^2+6x+8=(x+2)(x+4)$$
であるから，$x-3$，$x-1$，$x+2$，$x+4$ の積の組み合わせを考える。$x-3$ と $x+4$，$x-1$ と $x+2$ をそれぞれ掛け合わせると，1次の項 x の係数が同じになり，x^2+x が共通部分として現れる。

[解答] (1) $x^2+2x=X$ とおくと，
$(x^2+2x-2)(x^2+2x-3)-30$
$=(X-2)(X-3)-30$ ← 展開する
$=X^2-5X+6-30$ ← 定数項を計算
$=X^2-5X-24$
$=(X-8)(X+3)$ ← 因数分解
$=(x^2+2x-8)(x^2+2x+3)$ ← X を x^2+2x にもどす
$=(x-2)(x+4)(x^2+2x+3)$ ← さらに因数分解

(2) $x^2-2=X$ とおくと，
$(x^2+4x-2)(x^2+5x-2)-12x^2$
$=(x^2-2+4x)(x^2-2+5x)-12x^2$
$=(X+4x)(X+5x)-12x^2$
$=X^2+9xX+20x^2-12x^2$ ← 展開する
$=X^2+9xX+8x^2$ ← 定数項を計算
$=(X+x)(X+8x)$ ← 因数分解
$=(x^2-2+x)(x^2-2+8x)$ ← X を x^2-2 にもどす
$=(x^2+x-2)(x^2+8x-2)$ ← かっこの中を降べきの順に整理
$=(x-1)(x+2)(x^2+8x-2)$ ← さらに因数分解

(3) $(x+1)(x+2)(x+3)(x+4)+1=\{(x+1)(x+4)\}\{(x+2)(x+3)\}+1$
$=(x^2+5x+4)(x^2+5x+6)+1$
ここで，$x^2+5x=X$ とおくと，
$(x+1)(x+2)(x+3)(x+4)+1=(X+4)(X+6)+1$
$=X^2+10X+24+1$
$=X^2+10X+25$
$=(X+5)^2$
$=(x^2+5x+5)^2$

(4) $(x^2-4x+3)(x^2+6x+8)+24=(x-3)(x-1)(x+2)(x+4)+24$
$=\{(x-3)(x+4)\}\{(x-1)(x+2)\}+24$
$=(x^2+x-12)(x^2+x-2)+24$
ここで，$x^2+x=X$ とおくと，
$(x^2-4x+3)(x^2+6x+8)+24=(X-12)(X-2)+24$
$=X^2-14X+24+24$
$=X^2-14X+48$
$=(X-8)(X-6)$
$=(x^2+x-8)(x^2+x-6)$
$=(x-2)(x+3)(x^2+x-8)$

注意 (1)は，展開すると，
$$(x^2+2x-2)(x^2+2x-3)-30=x^4+4x^3-x^2-10x-24$$
となり，因数分解するのはさらに難しくなる。

注意 (1)で因数分解した $(x-2)(x+4)(x^2+2x+3)$ の因数 x^2+2x+3 は，これ以上因数分解できない。(2)の因数 x^2+8x-2, (3)の因数 x^2+5x+5, (4)の因数 x^2+x-8 についても同様に，これ以上因数分解できない。

注意 この因数分解の基本的な方針は，**共通部分を X とおく**ことである。次のように，定数項も含めた共通部分を X とおいてもよい。

(1)　$x^2+2x-2=X$ とおくと，$x^2+2x-3=X-1$ であるから，
$$\begin{aligned}(x^2+2x-2)(x^2+2x-3)-30&=X(X-1)-30\\&=X^2-X-30\\&=(X-6)(X+5)\\&=(x^2+2x-2-6)(x^2+2x-2+5)\\&=(x^2+2x-8)(x^2+2x+3)\\&=(x-2)(x+4)(x^2+2x+3)\end{aligned}$$

このように，X のおき方は何通りもあるが，いずれにしても，2つ以上の項からできている共通部分を見つけることが大切である。

また，慣れてきたら，$x^2+2x=X$ とおかずに，
$$\begin{aligned}(x^2+2x-2)(x^2+2x-3)-30&=\{(x^2+2x)-2\}\{(x^2+2x)-3\}-30\\&=(x^2+2x)^2-5(x^2+2x)+6-30\\&=(x^2+2x)^2-5(x^2+2x)-24\\&=(x^2+2x-8)(x^2+2x+3)\\&=(x-2)(x+4)(x^2+2x+3)\end{aligned}$$
としてよい。

演習問題

9　次の式を因数分解せよ。
(1)　$(x^2+3x)(x^2+3x-2)-8$
(2)　$(x^2+4x-5)(x^2+4x+3)-105$
(3)　$(x^2-3x+5)(x^2+2x+5)-36x^2$
(4)　$(x+1)(x+3)(x+5)(x+7)-65$
(5)　$x(x-1)(x+1)(x+2)-24$
(6)　$(x^2+3x+2)(x^2+7x+12)-3$
(7)*　$(x^2-8x+15)(4x^2+12x+5)+40$
(8)　$(x^2+2x-3)(x^2-4x-12)+20x^2$

★ 複2次式

> **例題9 ★　複2次式の因数分解**
> 次の式を因数分解せよ。
> (1) x^4+3x^2-28 (2) x^4+x^2+1
> (3) x^4+4y^4

[解説]　4次式で3次の項と1次の項のないもの，すなわち，a, b, c （$a\neq 0$）を定数として ax^4+bx^2+c と表される式は，$x^2=X$ とおくと，aX^2+bX+c となることから，**複2次式**と呼ばれる。

　複2次式 ax^4+bx^2+c には，$x^2=X$ とおいたときの2次式 aX^2+bX+c が X の整式として因数分解できるものとできないものがある。X の整式として因数分解できない複2次式でも，別の工夫により，x について因数分解できる場合がある。

(1) $x^2=X$ とおくことにより因数分解できる。一度因数分解した後も，さらに因数分解できることがあるので注意する。

(2) $x^2=X$ とおくと X^2+X+1 となり，和が1で，積が1の整数は存在しないから，X については因数分解できない。そこで，与えられた式 x^4+x^2+1 の特徴に着目する。すなわち，3次の項，1次の項がないから，x^4+x^2+1 を変形して，
$$(x^2+p)^2-q^2x^2$$
と表すことができるかどうかを考える。
　定数項が1であるから，$p=\pm 1$ となり，
$$(x^2+p)^2=(x^2\pm 1)^2=x^4\pm 2x^2+1 \quad (複号同順)$$
である。この式と x^4+x^2+1 の違いは x^2 の係数であり，x^4+2x^2+1 から x^2 を引くと x^4+x^2+1 になる。したがって，
$$x^4+x^2+1=x^4+2x^2+1-x^2=(x^2+1)^2-x^2$$
と変形できて，平方の差の公式が使える。

(3) x, y どちらの文字で考えてもよいが，ここでは，x の複2次式と考える。この式は，3次の項，1次の項ばかりでなく2次の項もないが，(2)と同じ方法が使える。すなわち，
$$(x^2+p)^2-q^2x^2$$
の形に変形する。定数項が $4y^4$ であるから，$p=\pm 2y^2$ となり，
$$(x^2+p)^2=(x^2\pm 2y^2)^2=x^4\pm 4x^2y^2+4y^4 \quad (複号同順)$$
である。この式と x^4+4y^4 を比べれば，$(x^2+2y^2)^2$ から $4x^2y^2=(2xy)^2$ を引くとよいことがわかる。
　なお，(2)，(3)のような方法が使えるのは**定数項が平方数**であるときのみである。

[解答]　(1) $x^2=X$ とおくと，
$$x^4+3x^2-28=X^2+3X-28=(X-4)(X+7)$$
$$=(x^2-4)(x^2+7)=(x+2)(x-2)(x^2+7)$$

(2) $x^4+x^2+1=x^4+2x^2+1-x^2=(x^2+1)^2-x^2$
$\qquad =(x^2+1+x)(x^2+1-x)$
$\qquad =(x^2+x+1)(x^2-x+1)$

(3) $x^4+4y^4=x^4+4x^2y^2+4y^4-4x^2y^2=(x^2+2y^2)^2-(2xy)^2$
$\qquad =(x^2+2y^2+2xy)(x^2+2y^2-2xy)$
$\qquad =(x^2+2xy+2y^2)(x^2-2xy+2y^2)$

|注意| (1) 慣れてきたら，$x^2=X$ とおかずに，
$\qquad x^4+3x^2-28=(x^2-4)(x^2+7)=(x+2)(x-2)(x^2+7)$
としてよい。

演習問題

10 ★ 次の式を因数分解せよ。
(1) x^4-x^2-2 　　　　　　　　(2) x^4-4x^2+3
(3) x^4-13x^2+36 　　　　　　(4) $4a^4-37a^2+9$
(5) $2x^4-11x^2y^2+12y^4$ 　　　(6) $4x^4-13x^2y^2+9y^4$
(7) $4x^4-17x^2y^2+4y^4$ 　　　 (8) $4x^4-8x^2+4$

11 ★ 次の式を因数分解せよ。
(1) x^4-3x^2+1 　　　　　　　(2) a^4+5a^2+9
(3) x^4-18x^2+1 　　　　　　 (4) p^4-p^2+16
(5) x^4+64 　　　　　　　　　(6) $4a^4+1$

12 ★ 次の式を因数分解せよ。
(1) $x^4-8x^2y^2+4y^4$ 　　　　 (2) $x^4+x^2y^2+y^4$
(3) $9x^4+8x^2y^2+4y^4$ 　　　　(4) $81p^4+\dfrac{1}{4}q^4$

コラム　なぐってさする方法

x^4+4y^4 を $(x^2+2y^2)^2-4x^2y^2$ と変形するには，
$\qquad x^4+4y^4=x^4+4y^4\underline{+4x^2y^2-4x^2y^2}$
と考えればよいことになります。上の式で，下線部は 0 になるので，x^4+4y^4 に 0 を加えることになります。
第 2 次世界大戦前の古い参考書には，この方法のことを，
$\qquad$ なぐって $(+4x^2y^2)$ さする $(-4x^2y^2)$ 方法
と書いてあるものがありました。少々乱暴ですが，覚えやすいですね。

★★ 相反式

> **例題10** ★★ **相反式の因数分解**
> 次の式を因数分解せよ。
> (1) $2x^3+3x^2+3x+2$ (2) $2x^4+5x^3+7x^2+5x+2$

[解説] この問題の式の係数と定数項を見ると，(1)は 2, 3, 3, 2，(2)は 2, 5, 7, 5, 2 となっている。このように，1つの文字について降べきの順に整理したとき，係数と定数項が左右対称になっている整式を**相反式**という。

一般に，3次の相反式は a, b を係数や定数項として ax^3+bx^2+bx+a，4次の相反式は a, b, c を係数や定数項として $ax^4+bx^3+cx^2+bx+a$ と表すことができる。

相反式では係数や定数項の等しい項をひとまとめにすることによって因数分解できるものが多い。すなわち，3次の相反式では，
$$ax^3+bx^2+bx+a=a(x^3+1)+b(x^2+x)$$
4次の相反式では，
$$ax^4+bx^3+cx^2+bx+a=a(x^4+1)+b(x^3+x)+cx^2$$
と変形する。

(1) $2x^3+3x^2+3x+2=2(x^3+1)+3(x^2+x)$ と変形すると，
$$x^3+1=(x+1)(x^2-x+1), \qquad x^2+x=x(x+1)$$
であるから，$x+1$ が共通因数である。

(2) $2x^4+5x^3+7x^2+5x+2=2(x^4+1)+5(x^3+x)+7x^2$ と変形すると，
$$x^3+x=x(x^2+1), \qquad x^4+1=(x^2+1)^2-2x^2$$
が成り立つことを利用して，$x^2+1=X$ とおくと，X と x についての2次式となる。
そこで，X についての2次3項式として，たすき掛けをする。

[解答] (1) $2x^3+3x^2+3x+2=2(x^3+1)+3(x^2+x)$
$$=2(x+1)(x^2-x+1)+3x(x+1)$$
$$=(x+1)\{2(x^2-x+1)+3x\}$$
$$=(x+1)(2x^2+x+2)$$

(2) $2x^4+5x^3+7x^2+5x+2=2(x^4+1)+5(x^3+x)+7x^2$
$$=2\{(x^2+1)^2-2x^2\}+5x(x^2+1)+7x^2$$
$$=2(x^2+1)^2-4x^2+5x(x^2+1)+7x^2$$
$$=2(x^2+1)^2+5x(x^2+1)+3x^2$$

ここで，$x^2+1=X$ とおくと，
$2x^4+5x^3+7x^2+5x+2=2X^2+5xX+3x^2$
$$=(X+x)(2X+3x)$$
$$=\{(x^2+1)+x\}\{2(x^2+1)+3x\}$$
$$=(x^2+x+1)(2x^2+3x+2)$$

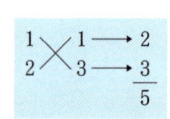

$$\begin{array}{ccc} 1 & \diagdown & 1 \rightarrow 2 \\ 2 & \diagup & 3 \rightarrow \underline{3} \\ & & 5 \end{array}$$

注意 (2) 慣れてきたら $x^2+1=X$ とおかずに，
$$2x^4+5x^3+7x^2+5x+2=2(x^4+1)+5(x^3+x)+7x^2$$
$$=2\{(x^2+1)^2-2x^2\}+5x(x^2+1)+7x^2$$
$$=2(x^2+1)^2+5x(x^2+1)+3x^2$$
$$=\{(x^2+1)+x\}\{2(x^2+1)+3x\}$$
$$=(x^2+x+1)(2x^2+3x+2)$$

としてよい。

演習問題

13 ★★ 次の式を因数分解せよ。
(1) x^3+2x^2+2x+1　　(2) $3x^3+7x^2+7x+3$
(3) $6x^3-x^2-x+6$　　(4) $4x^3+3x^2y+3xy^2+4y^3$

14 ★★ 次の式を因数分解せよ。
(1) $x^4+4x^3+6x^2+4x+1$　　(2) $5x^4+19x^3+22x^2+19x+5$
(3) $2x^4-7x^3+7x^2-7x+2$　　(4) $3x^4+5x^3y+4x^2y^2+5xy^3+3y^4$

コラム　3次と4次の相反式の違い

3次の相反式は，
$$ax^3+bx^2+bx+a=a(x^3+1)+b(x^2+x)$$
より，$x+1$ が共通因数になり，必ず因数分解できます。
　一方，4次の相反式は，
$$ax^4+bx^3+cx^2+bx+a=a(x^4+1)+b(x^3+x)+cx^2$$
$$=a\{(x^2+1)^2-2x^2\}+bx(x^2+1)+cx^2$$
$$=a(x^2+1)^2+bx(x^2+1)+(c-2a)x^2$$
と変形して，$x^2+1=X$ とおくと，
$$ax^4+bx^3+cx^2+bx+a=aX^2+bxX+(c-2a)x^2$$
となり，X と x についての2次3項式になります。ここで，$a=1$ のときは2次3項式の公式を適用し，$a≧2$ のときはたすき掛けを使って因数分解することになります。
　このとき，a，b，c の値によっては，有理数の範囲で因数分解できないこともあります。たとえば，$a=1$，$b=1$，$c=3$ とした $x^4+x^3+3x^2+x+1$ は，$x^2+1=X$ とおくと，X^2+xX+x^2 となって，有理数の範囲では因数分解できません。

例題11 ★★ **相反式の方法が使える式の因数分解**
次の式を因数分解せよ。
(1) $3x^3-5x^2+5x-3$
(2) $x^4+3x^3-6x^2-3x+1$

[解説] これらの式は相反式ではないが，(1)では x^3 の項の係数と定数項，x^2 の項と x の項の係数，(2)では x^3 の項と x の項の係数について，符号が異なるだけなので，相反式の因数分解と同じように考えられる。

(1) $3x^3-5x^2+5x-3=3(x^3-1)-5(x^2-x)$
と変形すると，
$$x^3-1=(x-1)(x^2+x+1)$$
$$x^2-x=x(x-1)$$
であるから，$x-1$ が共通因数である。

(2) $x^4+3x^3-6x^2-3x+1=(x^4+1)+3(x^3-x)-6x^2$
と変形すると，
$$x^3-x=x(x^2-1)$$
であり，
$$x^4+1=(x^2-1)^2+2x^2$$
が成り立つことを利用する。

[解答] (1) $3x^3-5x^2+5x-3=3(x^3-1)-5(x^2-x)$
$\qquad\qquad\qquad\qquad =3(x-1)(x^2+x+1)-5x(x-1)$
$\qquad\qquad\qquad\qquad =(x-1)\{3(x^2+x+1)-5x\}$
$\qquad\qquad\qquad\qquad =(x-1)(3x^2-2x+3)$

(2) $x^4+3x^3-6x^2-3x+1=(x^4+1)+3(x^3-x)-6x^2$
$\qquad\qquad\qquad\qquad\qquad =(x^2-1)^2+2x^2+3x(x^2-1)-6x^2$
$\qquad\qquad\qquad\qquad\qquad =(x^2-1)^2+3x(x^2-1)-4x^2$
$\qquad\qquad\qquad\qquad\qquad =\{(x^2-1)-x\}\{(x^2-1)+4x\}$
$\qquad\qquad\qquad\qquad\qquad =(x^2-x-1)(x^2+4x-1)$

演習問題

15 ★★ 次の式を因数分解せよ。
(1) x^3-5x^2+5x-1 　　　(2) $3x^3+4x^2-4x-3$
(3) $2a^3-7a^2b+7ab^2-2b^3$ 　　　(4) $x^4-4x^3-14x^2+4x+1$
(5) $x^4+\dfrac{2}{3}x^3-2x^2-\dfrac{2}{3}x+1$ 　　　(6) $6x^4-25x^3y+12x^2y^2+25xy^3+6y^4$

総合問題

1 次の式を因数分解せよ。
(1) $12a^2b-8a^2c+2b^2c-3b^3$
(2) $x^2-3ax+3x-3a+2$
(3) $ab-ac-b^2+2bc-c^2$
(4) $a^2+b^2-2ab-2bc+2ca$
(5) $a^2b+ab^2-a^2c+2b^3-abc-2b^2c$
(6) $4abc-4bc-2ca-2ab+a+2b+2c-1$
(7) $xy+x-3y-bx+2ay+2a+3b-2ab-3$
(8) $3x^2+2xy-7xz-4yz+2z^2$
(9) $9x^2+y^2+z^2-6xy+2yz-6zx$
(10) $a^2(2b-c)+4b^2(c-a)+c^2(a-2b)$
(11) $3(x-2)^2+(12-2y)(x-2)-8y$
(12) $xy+xz+y^2+yz+3x+5y+2z+6$
(13) $x^2-xy+zx-wx+wy-wz$
(14) $a^2bc-ab^2-ac^2+abd+bc-cd$
(15) $x^2-y^2-(y^2+xy)+3(yz+zx)$

2 ★ 次の式を因数分解せよ。
(1) $2x^2-5xy-3y^2+8x+11y-10$
(2) $x^2-7xy+12y^2-x+2y-2$
(3) $x^2-y^2+x-5y-6$
(4) $a^2+5ab+6b^2-a-2b$
(5) $(x+2y)(x-y)+3y-1$
(6) $x^2-2xy+y^2-2x+2y-3$
(7) $2x^2-xy-6y^2-14x-7y+20$
(8) $6x^2+5xy+y^2+2x-y-20$
(9) $6x^2-4y^2-2xy+x+4y-1$
(10) $6x^2-7xy-3y^2-x+7y-2$
(11) $6x^2+7xy+2y^2+x-2$
(12) $2x^2+5xy-3y^2+x+17y-10$
(13) $2x^2-9xy-5y^2+3x+7y-2$
(14) $3x^2+11xy+10y^2-10x-16y-8$
(15) $6x^2-7xy-3y^2+4x+5y-2$
(16) $4x^2-13xy+10y^2+18x-27y+18$
(17) $8x^2+2xy-15y^2+4x-38y-24$
(18) $24x^2-54y^2+14x+141y-90$
(19) $18x^2-27xy-35y^2+12x-47y-6$

3 ★　次の式を因数分解せよ。

(1) $ax^2-(a^2+2a-1)x-a-2$

(2) $x^2y+2xy^2-x^2+4y^2-xy-x-6y+2$

(3) $(x^2-1)(y^2-4)-8xy$

(4) $xy^3-(x^2-1)y^2-xy+x^2-1$

(5) $a^2b-ab^2+b^2c+bc^2-c^2a+ca^2-2abc$

(6) $bc(b+c)+ca(c-a)-ab(a+b)$

(7) $(a+b+c)(ab+bc+ca)-abc$

(8) $(x+1)(y+1)(xy+1)+xy$

(9) $x^2y+xy^2-x^2-xy-y^2+1$

(10) $(a-b)(b-c)(c+a)+abc$

(11) $a(b+c)^2-b(c-a)^2-c(a-b)^2-4abc$

(12) $x^2(y-1)+y^2(1-x)+x-y$

(13) $8x^3+12x^2y+4xy^2+6x^2+9xy+3y^2$

4 ★　次の式を因数分解せよ。

(1) $(x^2+3x-2)(x^2+3x-3)-30$

(2) $(x^2-2x-16)(x^2-2x-14)+1$

(3) $(x^2+x+2)(x^2+5x+2)+3x^2$

(4) $(t+3)(t+4)(t+5)(t+6)+1$

(5) $(x-1)(x-2)(x+3)(x+4)-84$

(6) $(x-1)(x-3)(x-5)(x-7)+15$

(7) $a(a-2)^2(a-4)-12$

(8) $(x+1)(x+2)(x+3)(x+6)-3x^2$

(9) $(2x+5y)(2x+5y+8)-65$

(10) $(x+2y+2z)(x-4y+2z)-7y^2$

(11) $(x+3y-1)(x+3y+3)(x+3y+4)+12$

5 ★　次の式を因数分解せよ。

(1) x^4-10x^2+9　　　　　(2) $4x^4-8x^2+1$

(3) x^4+3x^2+4　　　　　(4) $x^4+5x^2y^2+9y^4$

(5) a^4-38a^2+1　　　　　(6) $x^4+x^2y^2z^2+y^4z^4$

(7) $9x^4-28x^2y^2+16y^4$　　(8) $4x^4+7x^2y^2+16y^4$

6 ★★ 次の式を因数分解せよ。

(1) $8x^3+5x^2y+5xy^2+8y^3$

(2) $5a^3-7a^2b+7ab^2-5b^3$

(3) $3x^4+10x^3y+9x^2y^2+10xy^3+3y^4$

(4) $2a^4-9a^3b-a^2b^2-9ab^3+2b^4$

7 ★★ 次の式を因数分解せよ。

(1) $(ac+bd)^2-(ad+bc)^2$

(2) $x^3+y^3+x^2z+y^2z-xyz$

(3) a^6-b^6

(4) $6a^2b-5abc-6a^2c+5ac^2-4bc^2+4c^3$

(5) $x(x+1)(x+2)-y(y+1)(y+2)+xy(x-y)$

(6) $(a+b-1)(ab+a+b)+ab-(a+b)^2$

(7) $(a+b+c-1)(abc+a+b+c)+abc-(a+b+c)^2$

(8) $a^3+a^2b-a(c^2+b^2)+bc^2-b^3$

(9) $a^5-a^2b^2(a-b)-b^5$

(10) $a^3+3a^2b+3ab^2+b^3+2ca^2+4abc+2cb^2+ac^2+bc^2$

(11) $x^3y+x^2y^2+x^3+x^2y-xy-y^2-x-y$

(12) $a^3(b+c)-b^3(c+a)-c^3(a-b)$

(13) $(x-y)^3+(z-y)^3+(-x+2y-z)^3$

(14) $a^4+b^4+c^4-2a^2b^2-2b^2c^2-2c^2a^2$

(15) $\dfrac{1}{3}(a^3-b^3)-\dfrac{1}{2}(a+b)(a^2-b^2)+a^2b-ab^2$

コラム 三角形の面積

右下の図の $\triangle ABC$ で，$BC=a$，$CA=b$，$AB=c$ とおき，頂点 A から辺 BC に垂線 AH をひき，BH$=x$，AH$=h$ とおきます。

このとき，$\triangle ABH$ と $\triangle ACH$ は直角三角形になるので三平方の定理より，

$$h^2+x^2=c^2 \quad \cdots\cdots\cdots ①$$
$$h^2+(a-x)^2=b^2 \quad \cdots\cdots\cdots ②$$

が成り立ちます。

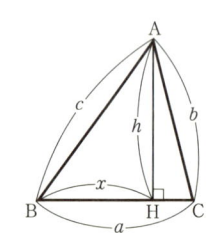

①−② より，$x^2-(a-x)^2=c^2-b^2$
$$-a^2+2ax=c^2-b^2$$

よって，$x=\dfrac{a^2-b^2+c^2}{2a}$

これを①に代入して，$h^2+\left(\dfrac{a^2-b^2+c^2}{2a}\right)^2=c^2$

両辺に $4a^2$ を掛けると，$4a^2h^2+(a^2-b^2+c^2)^2=4a^2c^2$

これより，$4a^2h^2=2a^2b^2+2b^2c^2+2c^2a^2-a^4-b^4-c^4$

ここで，$\triangle ABC$ の面積を S とすると，$S=\dfrac{1}{2}ah$ より，

$$S=\dfrac{1}{4}\sqrt{2a^2b^2+2b^2c^2+2c^2a^2-a^4-b^4-c^4}$$

となり，三角形の3辺の長さから面積を求める公式が得られます。

前ページの総合問題7 (14)より，

$$2a^2b^2+2b^2c^2+2c^2a^2-a^4-b^4-c^4$$
$$=-(a+b+c)(a+b-c)(a-b+c)(a-b-c)$$
$$=(a+b+c)(b+c-a)(c+a-b)(a+b-c)$$

であるから，

$$S=\dfrac{1}{4}\sqrt{(a+b+c)(b+c-a)(c+a-b)(a+b-c)}$$

と表すことができます。

さらに，$s=\dfrac{1}{2}(a+b+c)$ とおくと，

$$S=\sqrt{s(s-a)(s-b)(s-c)}$$

が得られます。これがヘロンの公式です。

研究 ★★ 整数係数の多項式

●定理

係数が整数である多項式（整数係数の多項式）が，有理数の範囲で因数分解できるならば，整数の範囲で因数分解できる。

この定理を，a，b，c（$a \neq 0$）を整数として，2次3項式 ax^2+bx+c の場合で証明してみよう。

[証明] ax^2+bx+c が $x+\dfrac{n}{m}$（$m \neq 0$，$n \neq 0$，m，n は整数で互いに素）の因数をもつとすると，d を有理数として，

$$ax^2+bx+c = a\left(x+\frac{n}{m}\right)(x+d) \quad \cdots\cdots\cdots ①$$

と書くことができる。

① に $x = -\dfrac{n}{m}$ を代入して，

$$a\left(-\frac{n}{m}\right)^2 + b\left(-\frac{n}{m}\right) + c = 0$$

両辺に m^2 を掛けて，

$$an^2 - bmn + cm^2 = 0 \quad \cdots\cdots\cdots ②$$

② より，$an^2 = bmn - cm^2$

$an^2 = m(bn - cm)$

m と n は互いに素であるから，a は m の倍数である。よって，p を整数として，

$$a = pm$$

と書くことができる。ただし，$p \neq 0$ である。

また，② より，

$cm^2 = bmn - an^2$

$cm^2 = n(bm - an)$

m と n は互いに素であるから，c は n の倍数である。よって，q を整数として，

$$c = qn$$

と書くことができる。

① に $x=0$ を代入して，

$$c = \frac{and}{m}$$

ゆえに，$d = \dfrac{cm}{an}$

これに $a=pm$, $c=qn$ を代入して，
$$d=\frac{qnm}{pmn}$$
ゆえに，$d=\dfrac{q}{p}$

①の右辺に $a=pm$, $d=\dfrac{q}{p}$ を代入して，
$$ax^2+bx+c=pm\left(x+\frac{n}{m}\right)\left(x+\frac{q}{p}\right)$$
したがって，
$$ax^2+bx+c=(mx+n)(px+q)$$
と因数分解される。
ゆえに，整数係数の多項式が，有理数の範囲で因数分解できるならば，整数の範囲で因数分解できる。　　　　　　　　　　　　　　　　　　　　証明終

この定理を応用すると，次のことがわかる。

> 2次3項式 ax^2+bx+c において，a, b, c が奇数ならば有理数の範囲で因数分解できない。

証明　有理数の範囲で因数分解できるとすると，整数係数の多項式に因数分解できるから，m, n, p, q を整数として，
$$ax^2+bx+c=(mx+n)(px+q)$$
と因数分解される。
$$(mx+n)(px+q)=mpx^2+(mq+np)x+nq$$
よって，
$$mp=a, \quad mq+np=b, \quad nq=c$$
a は奇数で $a=mp$ より m も p も奇数，c も奇数で $c=nq$ より n も q も奇数となり，$mq+np$ は奇数の和であるから偶数となり，b が奇数であることに矛盾する。

したがって，このような m, n, p, q は存在しない。

ゆえに，2次3項式 ax^2+bx+c において，a, b, c が奇数ならば有理数の範囲で因数分解できない。　　　　　　　　　　　　　　　　　　　　　　証明終

このことから，$x^2+13x-35$ や $21x^2+35x+15$ などは，有理数の範囲では因数分解できないことがただちにわかる。

索引

あ行

1次の文字について整理 ………… 67, 68
因数 ………………………………… 17
因数分解 ……………………………… 1, 17
因数分解する ……………………… 17
因数分解の範囲 …………………… 36
n 次式 ……………………………… 2
置き換えてからたすき掛け ………… 53
置き換えによる完全平方式 ………… 30
置き換えによる2次3項式 ………… 43
置き換えによる平方の差 …………… 33
置き換えによる立方の和と立方の差…59

か行

解の公式 …………………………… 56
かっこを使う ……………………… 22
完全平方式 ………………………… 25
共通因数 ………………………… 17, 21
共通因数のある完全平方式 ………… 29
共通因数のあるたすき掛け ………… 52
共通因数のある2次3項式 ………… 42
共通因数のある平方の差 …………… 32
共通因数のある立方の差 …………… 59
虚数単位 …………………………… 64
係数 ………………………………… 1
係数に分数を含む式の因数分解 …… 20
係数や定数項に分数を含む式の
　たすき掛け ……………………… 51
結合法則 …………………………… 4
項 …………………………………… 2
交換法則 …………………………… 4
降べきの順に整理 ………… 2, 67, 70
候補を減らす ……………………… 40

さ行

3次以上の式の因数分解 …………… 77
3次以上の式の展開 ………………… 14
3次式の展開 ……………………… 11
3次方程式 ………………………… 64
3数の立方の和 ………………… 62, 63
式の一部を因数分解 ………… 34, 60
式の一部を X とおく ……………… 79
辞書式順序に整理 ………………… 10
次数 …………………………… 1, 2, 67
昇べきの順に整理 ………………… 2
数をくくり出す2次3項式 ………… 42
整式 ………………………………… 1, 2
整式を整理する …………………… 2
相反式 ……………………………… 84

た行

多項式 …………………………… 2, 21
多項式の共通因数 ………………… 21
たすき掛け ………………………… 45
縦書きで計算 ……………………… 5
単項式 …………………………… 1, 17
単項式の共通因数 ………………… 18
定数項 ……………………………… 2
展開する …………………………… 4
同類項 ……………………………… 2
特定の文字に着目 ………………… 1, 2

な行

2次3項式 ………………… 25, 37, 45
2次方程式 ………………………… 56
2種類以上の文字を含んだ式の
　たすき掛け ……………………… 55

は行

判別式 ……………………………… 56	
1つの文字に着目 ……………… 2, 71, 72	
1つの文字について整理 …………… 71	
複号同順 ………………………… 57	
複2次式 ………………………… 82	
分配法則 ………………………… 4, 17	
平方根 …………………………… 36	

平方数 …………………………… 26
平方の差 ………………………… 31

ま行 ～ わ行

マボロシの t ……………………… 74
無理数 …………………………… 36
有理数 …………………………… 36
輪環の順に整理 …………………… 9
和の立方と差の立方 ……………… 61

● **乗法公式**

(p.6)　　$(a+b)^2 = a^2+2ab+b^2$　　（和の平方の公式）
　　　　$(a-b)^2 = a^2-2ab+b^2$　　（差の平方の公式）
　　　　$(a+b)(a-b) = a^2-b^2$　　（和と差の積の公式）
　　　　$(x+a)(x+b) = x^2+(a+b)x+ab$　　（1次式の積の公式①）

(p.7)　　$(ax+b)(cx+d) = acx^2+(ad+bc)x+bd$　　（1次式の積の公式②）

(p.9)　　$(a+b+c)^2 = a^2+b^2+c^2+2ab+2bc+2ca$　　（3項の平方の公式）

(p.11)　$(a+b)^3 = a^3+3a^2b+3ab^2+b^3$　　（和の立方の公式）
　　　　$(a-b)^3 = a^3-3a^2b+3ab^2-b^3$　　（差の立方の公式）

(p.12)　$(a+b)(a^2-ab+b^2) = a^3+b^3$　　（立方の和になる公式）
　　　　$(a-b)(a^2+ab+b^2) = a^3-b^3$　　（立方の差になる公式）

(p.15)　$(a+b+c)(a^2+b^2+c^2-ab-bc-ca) = a^3+b^3+c^3-3abc$

● **因数分解の公式**

(p.25)　$a^2+2ab+b^2 = (a+b)^2$　　（和の完全平方式の公式）
　　　　$a^2-2ab+b^2 = (a-b)^2$　　（差の完全平方式の公式）

(p.31)　$a^2-b^2 = (a+b)(a-b)$　　（平方の差の公式）

(p.37)　$x^2+(a+b)x+ab = (x+a)(x+b)$　　（2次3項式の公式）

(p.45)　$acx^2+(ad+bc)x+bd = (ax+b)(cx+d)$　　（たすき掛けの公式）

(p.57)　$a^3+b^3 = (a+b)(a^2-ab+b^2)$　　（立方の和の公式）
　　　　$a^3-b^3 = (a-b)(a^2+ab+b^2)$　　（立方の差の公式）

(p.60)　$a^3+3a^2b+3ab^2+b^3 = (a+b)^3$　　（和の立方になる公式）
　　　　$a^3-3a^2b+3ab^2-b^3 = (a-b)^3$　　（差の立方になる公式）

(p.63)　$a^3+b^3+c^3-3abc = (a+b+c)(a^2+b^2+c^2-ab-bc-ca)$
　　　　　　　　　　　　　　　　　　（3数の立方の和の公式）

Aクラスブックス　因数分解

2014年9月　初版発行
2025年2月　5版発行

著　者	成川康男	深瀬幹雄
	藤田郁夫	矢島　弘
発行者	斎藤　亮	
組版所	錦美堂整版	
印刷所	光陽メディア	
製本所	井上製本所	

発行所　昇龍堂出版株式会社

〒101-0062　東京都千代田区神田駿河台 2-9
TEL 03-3292-8211　FAX 03-3292-8214
振替 00100-9-109283

落丁本・乱丁本は，送料小社負担にてお取り替えいたします
ホームページ　https://shoryudo.co.jp　　　　Printed in Japan
ISBN978-4-399-01303-2 C6341 ¥900E

本書のコピー，スキャン，デジタル化等の無断複製は著作権法上
での例外を除き禁じられています。本書を代行業者等の第三者に
依頼してスキャンやデジタル化することは，たとえ個人や家庭内
での利用でも著作権法違反です。

Aクラスブックス

因数分解

…**解答編**…

この解答編は薄くのりづけされています。軽く引けば取りはずすことができます。

1章　因数分解の準備　……………………………1
2章　共通因数　……………………………………4
3章　公式の利用　…………………………………6
4章　公式を組み合わせた因数分解　…………21

昇龍堂出版

1章 因数分解の準備

問1 (1) 次数2，係数 $-5x^3$ (2) 次数5，係数 $3c$
問2 (1) 3次式，定数項5 (2) 2次式，定数項 -2 (3) 3次式，定数項 -4
(4) 4次式，定数項6

1 (1)(i) $3x^2+(-4y+7)x+2y^2+5y-1$
(ii) $3x^2+7x-1+(-4x+5)y+2y^2$
(2)(i) $(b+c)a^2+(b^2+bc+c^2)a+b^2c+bc^2$
(ii) $a^2c+ac^2+(a^2+ac+c^2)b+(a+c)b^2$
(iii) $(a+b)c^2+(a^2+ab+b^2)c+a^2b+ab^2$

問3 (1) $3x^2-6xy$ (2) $x^2y^3-3xy^2$
(3) $2x^3-6x^2+10x$ (4) x^2y-3xy^2-2xy
(5) $-5a^3b-10a^2b^2+15ab^2$ (6) $3p^4q^3r-12p^3q^3r^2+6p^2q^4r^3$

問4 (1) $ac+ad-bc-bd$ (2) $xy-2x+y-2$
(3) $10ab+4a+15b+6$ (4) $px-2py-3x+6y$
(5) $ap-4aq-2bp+8bq$ (6) $14ac-10ad+21bc-15bd$

2 (1) $ac+ad+ae+bc+bd+be$ (2) $a^2-ab-2b^2+3a+3b$
(3) x^2-y^2+x+y (4) x^3+x^2-5x-2
(5) $6a^3-a^2+2a+2$ (6) $2a^3+3a^2b-3ab^2-2b^3$

問5 (1) a^2+4a+4 (2) $x^2+8x+16$ (3) y^2-6y+9
(4) b^2-2b+1 (5) x^2-25 (6) c^2-49
(7) $x^2+8x+15$ (8) $x^2+3x-18$ (9) x^2-5x-6
(10) $y^2-7y+12$

3 (1) $8a^2b-12ab^2$ (2) $4x^4+12x^3-20x^2$ (3) $-x^4+3x^3y-x^4z$
(4) $4x^2+4xy+y^2$ (5) $25a^2-40ab+16b^2$ (6) $4a^2b^2+12abc+9c^2$

4 (1) $16x^2-9y^2$ (2) $9x^2y^2-z^2$ (3) $9x^2-49a^2$
(4) $x^2-5xy+6y^2$ (5) $x^2-xy-6y^2$ (6) $a^2+8ab+15b^2$
(7) $x^2-3abx-28a^2b^2$ (8) $x^4-2x^2y-3y^2$

5 (1) $4x^2+8x+3$ (2) $6a^2-13a+5$ (3) $35x^2+x-12$ (4) $24x^2+2x-15$

6 (1) $6x^2+13xy+6y^2$ (2) $6x^2-19xy+10y^2$ (3) $15a^2+19ab-10b^2$
(4) $3x^2-7xyz-6y^2z^2$ (5) $2a^2b^2-9abc+10c^2$ (6) $35a^2+11abc-10b^2c^2$

7 (1) $a^2+4b^2+c^2+4ab+4bc+2ca$ (2) $a^2+b^2+c^2-2ab-2bc+2ca$
(3) $x^2-2xy+y^2+8x-8y+16$ (4) $a^2+4ab+4b^2-6a-12b+9$
(5) $4x^2-4xy+y^2+16x-8y+16$ (6) $x^4+6x^3+7x^2-6x+1$
(7) $a^2+2ab+b^2-4c^2$ (8) $x^2+2xy+y^2-2x-2y-8$
(9) $4a^2-4ab+b^2-4a+2b-15$ (10) $x^4-4x^3+4x^2-16$

[解説] (1) 3項の平方の公式を適用する。
(2) 3項の平方の公式を適用する。
(3) 3項の平方の公式を使ってもよいが，$x-y=X$ と考えてもよい。
(4) 3項の平方の公式を使ってもよいが，$a+2b=A$ と考えてもよい。
(5) 3項の平方の公式を使ってもよいが，$-2x+y=X$ と考えてもよい。
(6) 3項の平方の公式を使ってもよいが，$x^2+3x=X$ と考えてもよい。

(7) $\{(a+b)-2c\}\{(a+b)+2c\}=(a+b)^2-(2c)^2$
(8) $\{(x+y)-4\}\{(x+y)+2\}=(x+y)^2-2(x+y)-8$
(9) $\{(2a-b)+3\}\{(2a-b)-5\}=(2a-b)^2-2(2a-b)-15$
(10) $\{(x^2-2x)+4\}\{(x^2-2x)-4\}=(x^2-2x)^2-4^2$

8 (1) $9x^2+12xz+4z^2-15xy-10yz+6y^2$ (2) a^4-6a^2+1
(3) $a^2-b^2-2bc-c^2$ (4) $4x^2-y^2+6yz-9z^2$
(5) $2x^2+4xy+2y^2+5x+5y-3$ (6) $6x^2+12xy+6y^2-7xz-7yz-20z^2$
(7) $8a^2-16ab+8b^2-10ac+10bc+3c^2$ (8) $10x^4-20x^3-13x^2+23x+12$

解説 (1) $\{(3x+2z)-2y\}\{(3x+2z)-3y\}=(3x+2z)^2-5(3x+2z)y+6y^2$
(2) $\{(1-a^2)-2a\}\{(1-a^2)+2a\}=(1-a^2)^2-(2a)^2$
(3) $\{a+(b+c)\}\{a-(b+c)\}=a^2-(b+c)^2$
(4) $\{2x+(y-3z)\}\{2x-(y-3z)\}=(2x)^2-(y-3z)^2$
(5) $\{2(x+y)-1\}\{(x+y)+3\}=2(x+y)^2+5(x+y)-3$
(6) $\{2(x+y)-5z\}\{3(x+y)+4z\}=6(x+y)^2-7(x+y)z-20z^2$
(7) $\{4(a-b)-3c\}\{2(a-b)-c\}=8(a-b)^2-10(a-b)c+3c^2$
(8) $\{5(x^2-x)-4\}\{2(x^2-x)-3\}=10(x^2-x)^2-23(x^2-x)+12$

問6 (1) a^3+3a^2+3a+1 (2) $p^3-9p^2+27p-27$
(3) x^3+27 (4) q^3-1

9 (1) $64a^3+144a^2b+108ab^2+27b^3$ (2) $8p^3q^3-12p^2q^2r+6pqr^2-r^3$
(3) $x^3y^3+z^3$ (4) $x^3y^3+2x^2y^2z+2xyz^2+z^3$
(5) $125y^3-360yz^2+216z^3$ (6) $125y^3-216z^3$

解説 (4) 立方の和になる公式は適用できない。
(5) 立方の差になる公式は適用できない。

10 (1) $x^9+3x^6+3x^3+1$ (2) $512x^9-192x^6+24x^3-1$
(3) $x^4-15x^3+70x^2-120x+64$ (4) $x^4+2x^3-13x^2-14x+24$
(5) $a^3+8b^3+27c^3-18abc$ (6) $x^3-y^3-6xy-8$

解説 (1) $\{(x+1)(x^2-x+1)\}^3=(x^3+1)^3$
(2) $\{(2x-1)(4x^2+2x+1)\}^3=(8x^3-1)^3$
(3) $\{(x-1)(x-8)\}\{(x-2)(x-4)\}=(x^2-9x+8)(x^2-6x+8)$
$=(x^2+8-9x)(x^2+8-6x)=(x^2+8)^2-15(x^2+8)x+54x^2$
(4) $\{(x-1)(x+2)\}\{(x-3)(x+4)\}=(x^2+x-2)(x^2+x-12)$
$=(x^2+x)^2-14(x^2+x)+24$
(5) $a^3+(2b)^3+(3c)^3-3\cdot a\cdot 2b\cdot 3c$
(6) $x^3+(-y)^3+(-2)^3-3\cdot x\cdot(-y)\cdot(-2)$

11 (1) $x^8+x^4y^4+y^8$ (2) $a^2+2ac+c^2-b^2-2bd-d^2$
(3) $a^2-2ac+c^2-b^2+2bd-d^2$ (4) $a^4+b^4+c^4-2a^2b^2-2b^2c^2-2c^2a^2$

解説 (1) $(x^2+y^2+xy)(x^2+y^2-xy)(x^4-x^2y^2+y^4)$
$=\{(x^2+y^2)^2-(xy)^2\}(x^4-x^2y^2+y^4)=(x^4+x^2y^2+y^4)(x^4-x^2y^2+y^4)$
$=(x^4+y^4+x^2y^2)(x^4+y^4-x^2y^2)=(x^4+y^4)^2-(x^2y^2)^2$
(2) $\{(a+c)-(b+d)\}\{(a+c)+(b+d)\}=(a+c)^2-(b+d)^2$
(3) $\{(a-c)-(b-d)\}\{(a-c)+(b-d)\}=(a-c)^2-(b-d)^2$
(4) $\{(a+b)+c\}\{(a+b)-c\}\{(a-b)+c\}\{(a-b)-c\}$
$=\{(a+b)^2-c^2\}\{(a-b)^2-c^2\}=(a^2+2ab+b^2-c^2)(a^2-2ab+b^2-c^2)$
$=(a^2+b^2-c^2+2ab)(a^2+b^2-c^2-2ab)=(a^2+b^2-c^2)^2-(2ab)^2$

1 (1) $3a^2bc-6ab^2c+12abc^2$
(2) $3x^4y^4-2x^2y^5-4x^2y^4$
(3) x^3+3x^2+5x+3
(4) $x^4+3x^3+4x^2-3x-5$
(5) $2a^4+a^3-3a^2-5a-2$
解説 (2) $x^2y^4(3x^2-2y-4)$

2 (1) $9x^2-12xy+4y^2$
(2) $49x^2y^2-56xy+16$
(3) $a^4+6a^2b+9b^2$
(4) $25x^2y^2z^2-4$
(5) $4a^2+4ab-3b^2$
(6) $a^4-13a^2b+40b^2$
(7) $6x^2y^2+5xy-4$
(8) $28a^2-ab-15b^2$
(9) $10x^4y^2-21x^2yz+9z^2$

3 (1) $x^2+y^2+9z^2-2xy+6yz-6zx$
(2) $4x^2-12xy+9y^2+4x-6y+1$
(3) $x^4-4x^3+10x^2-12x+9$
(4) $x^2-4xy+4y^2-z^2$
(5) $a^2-4b^2+12bc-9c^2$
(6) $a^2+2ab+b^2+a+b-6$
(7) $x^4+2x^3+3x^2+2x-8$
(8) x^4+4x^2+16
(9) $10a^2+20ab+10b^2+a+b-3$
(10) $3x^2+12xy+12y^2+8xz+16yz-3z^2$
解説 (4) $(x-2y)^2-z^2$
(5) $\{a-(2b-3c)\}\{a+(2b-3c)\}=a^2-(2b-3c)^2$
(6) $(a+b)^2+(a+b)-6$
(7) $(x^2+x)^2+2(x^2+x)-8$
(8) $(x^2+4-2x)(x^2+4+2x)=(x^2+4)^2-(2x)^2$
(9) $\{2(a+b)-1\}\{5(a+b)+3\}=10(a+b)^2+(a+b)-3$
(10) $\{3(x+2y)-z\}\{(x+2y)+3z\}=3(x+2y)^2+8(x+2y)z-3z^2$

4 (1) $125x^3+150x^2y+60xy^2+8y^3$
(2) $8a^3x^3-12a^2bx^2y+6ab^2xy^2-b^3y^3$
(3) $27a^6+54a^4b+36a^2b^2+8b^3$
(4) $27x^6-27x^4y^3+9x^2y^6-y^9$
(5) x^3-27
(6) $8a^3+b^3$
(7) $27x^3-64y^3$
(8) a^6+b^6
(9) x^3-2x^2+1
(10) x^3+2x^2+2x+1
(11) $x^6-3x^4+3x^2-1$
(12) $a^9-3a^6b^3+3a^3b^6-b^9$
(13) $x^3+y^3+3xy-1$
解説 (8) $(a^2)^3+(b^2)^3$
(9) 立方の差になる公式は適用できない。
(10) 立方の和になる公式は適用できない。
(11) $\{(x-1)(x+1)\}^3=(x^2-1)^3$
(12) $\{(a-b)(a^2+ab+b^2)\}^3=(a^3-b^3)^3$

5 (1) x^6-1
(2) $a^4-6a^3+11a^2-6a$
(3) $x^4+8x^3+14x^2-8x-15$
(4) $x^4+5x^3-20x^2-60x+144$
(5) $27x^3-8y^3-z^3-18xyz$
解説 (1) $\{(x-1)(x^2+x+1)\}\{(x+1)(x^2-x+1)\}=(x^3-1)(x^3+1)$
(2) $\{a(a-3)\}\{(a-1)(a-2)\}=(a^2-3a)(a^2-3a+2)=(a^2-3a)^2+2(a^2-3a)$
(3) $\{(x-1)(x+5)\}\{(x+1)(x+3)\}=(x^2+4x-5)(x^2+4x+3)$
$=(x^2+4x)^2-2(x^2+4x)-15$
(4) $\{(x-2)(x+6)\}\{(x-3)(x+4)\}=(x^2+4x-12)(x^2+x-12)$
$=(x^2-12+4x)(x^2-12+x)=(x^2-12)^2+5(x^2-12)x+4x^2$
(5) $(3x)^3+(-2y)^3+(-z)^3-3\cdot 3x\cdot(-2y)\cdot(-z)$

2章 共通因数

問1 (1) $a(x+y)$ (2) $b(a-c)$ (3) $3a(x+2b)$
(4) $2y(3x-2z)$

1 (1) $3ab(4a-5b)$ (2) $2a^2(2a+1)$ (3) $3x^2y^2(2x-3y)$
(4) $-7x(7a-2b)$ (5) $-5bx(7a+4c)$ (6) $xy(x-2y+1)$
(7) $ax(x^2-2x+3a)$ (8) $-a^3b^2(a-6b+3)$
(9) $2a^2bc(2ab^2+3b^2c-4c^2)$
参考 (2)は $2a^2(1+2a)$, (8)は $-a^3b^2(a+3-6b)$ と答えてもよい。

2 (1) $\dfrac{1}{6}xy(4x+y)$ (2) $-\dfrac{2}{15}abc(10a+9b)$ (3) $\dfrac{3}{4}x^3y(x-4y)$
(4) $\dfrac{1}{12}ax(6x^2-8x+9)$ (5) $\dfrac{1}{12}xz(10x-8y+9z)$ (6) $\dfrac{5}{6}ac(2ab+b^2-12)$
解説 (1) 分母の最小公倍数は 6, 分子の最大公約数は 1
(2) 分母の最小公倍数は 15, 分子の最大公約数は 2
(3) $3=\dfrac{3}{1}$ より, 分母の最小公倍数は 4, 分子の最大公約数は 3
(4) 分母の最小公倍数は 12, 分子の最大公約数は 1
(5) 分母の最小公倍数は 12, 分子の最大公約数は 1
(6) $10=\dfrac{10}{1}$ より, 分母の最小公倍数は 6, 分子の最大公約数は 5

3 (1) $(2a+3b)(x+y)$ (2) $(a+b)(x-2y)$ (3) $(5a-1)(x-y)$
(4) $(x-1)(x+3)$ (5) $(m+n)(ab+cd)$ (6) $2(p+2)(x-2)$
(7) $(x-y)(x-y+z)$ (8) $(a+b)(3a+b)$ (9) $x^2(x-y)(2x-y)$
解説 (1) 共通因数は $x+y$ (2) 共通因数は $a+b$ (3) 共通因数は $x-y$
(4) 共通因数は $x-1$ (5) 共通因数は $m+n$ (6) 共通因数は $2(x-2)$
(7) 共通因数は $x-y$ (8) 共通因数は $a+b$ (9) 共通因数は $x^2(x-y)$

4 (1) $3(a-b)(x+y)$ (2) $(a+b)(3x-2y)$ (3) $(x^2-x+1)(x^2+x+1)$
(4) $3(y+2)^2(4y+3)$ (5) $6x(a+b)^2(2x+y)$ (6) $(a+b)(x-y+z)$
解説 (1) 共通因数は $a-b$ (2) 共通因数は $a+b$ (3) 共通因数は x^2-x+1
(4) 共通因数は $3(y+2)^2$ (5) 共通因数は $6x(a+b)^2$ (6) 共通因数は $a+b$
注意 (1) $3x+3y=3(x+y)$ であるから, $(a-b)(3x+3y)$ を答えとしないで, $3(a-b)(x+y)$ を答えとする。

5 (1) $(a-b)(x-y)$ (2) $(a+b)(x-1)$ (3) $(a-b)(x-y)$
(4) $(x-1)(x-2)$ (5) $(a-b)(x+y)$ (6) $(a-1)(b+c)$
(7) $(a+b)(x+c)$ (8) $(a-b)(a+c)$ (9) $(a+2)(a^2+4)$
(10) $\dfrac{1}{27}(3p-1)(9p^2+1)$
解説 (1) 共通因数は $x-y$ (2) 共通因数は $x-1$ (3) 共通因数は $a-b$
(4) 共通因数は $x-1$ (5) $a(x+y)-b(x+y)$ (6) $a(b+c)-(b+c)$
(7) $x(a+b)+c(a+b)$ (8) $a(a-b)+c(a-b)$ (9) $a^2(a+2)+4(a+2)$
(10) $\dfrac{1}{27}(27p^3-9p^2+3p-1)=\dfrac{1}{27}\{9p^2(3p-1)+(3p-1)\}$

1 (1) $ab(x-y)$　　(2) $3y(2x-y)$　　(3) $5a(b-1)$
　　(4) $-2a(a-3b)$　　(5) $x^2y(2y+5xz)$　　(6) $-8xyz(y+2z)$

2 (1) $\dfrac{1}{30}xy(24x-25y)$　　(2) $-\dfrac{1}{6}abc(2abc-3)$　　(3) $-\dfrac{3}{28}x^3y(8x+7y)$
　　(4) $\dfrac{1}{24}x^4y^2z^2(9x+20yz)$

　　解説 (1) 分母の最小公倍数は 30, 分子の最大公約数は 1
　　(2) 分母の最小公倍数は 6, 分子の最大公約数は 1
　　(3) 分母の最小公倍数は 28, 分子の最大公約数は 3
　　(4) 分母の最小公倍数は 24, 分子の最大公約数は 1

3 (1) $a(a+b+1)$　　(2) $5a(b-2c+3)$　　(3) $-4xyz(2x-3y+4z)$
　　(4) $-pq(p+q+1)$　　(5) $\dfrac{1}{12}abc(2a-12b+3c)$
　　(6) $\dfrac{1}{20}x^2y^2z^2(4xy^2+10yz^2-5zx^2)$

　　解説 (5) 分母の最小公倍数は 12, 分子の最大公約数は 1
　　(6) 分母の最小公倍数は 20, 分子の最大公約数は 1

　　参考 (6)は, $\dfrac{1}{20}x^2y^2z^2(10yz^2+4xy^2-5x^2z)$ と答えてもよい。

4 (1) $(2a-7b)(b+c)$　　(2) $-(a-x)(a+2x)$　　(3) $(a-b)(a-b+p)$
　　(4) $ab(a-b)(x-y)$

　　解説 (1) 共通因数は $b+c$　(2) 共通因数は $a-x$　(3) 共通因数は $a-b$
　　(4) $a^2b(x-y)-ab^2(x-y)$

5 (1) $(a+2)(x-1)$　　(2) $(x+y)(z-1)$　　(3) $(a-1)(x-1)$
　　(4) $(x-y)(xy-1)$

　　解説 (1) $(a+2)x-(a+2)$　(2) $(x+y)z-(x+y)$　(3) $a(x-1)-(x-1)$
　　(4) $xy(x-y)-(x-y)$

6 (1) $2y(x+y)(x-y)$　　(2) $(2a-1)(x+1)$　　(3) $(x+y)(x+y-1)$

　　解説 (1) $(x+y)(x-y)\{(x+y)-(x-y)\}$
　　(2) $(2a-1)x+(2a-1)$
　　(3) $x(x+y-1)+y(x+y-1)$

7 (1) $(x+1)(y-1)$　　(2) $(a+b)(x-y)$　　(3) $(x+1)(x+a)$
　　(4) $(x+1)(x^2+1)$　　(5) $(x+a)(x^2+a^2)$　　(6) $(x-1)(x^2+2)$
　　(7) $\dfrac{1}{12}(2a+3b)(y-9)$　　(8) $-\dfrac{1}{6}(x-2)(x^2+3)$

　　解説 (1) $x(y-1)+(y-1)$　(2) $a(x-y)+b(x-y)$　(3) $x(x+1)+a(x+1)$
　　(4) $x^2(x+1)+(x+1)$　(5) $x^2(x+a)+a^2(x+a)$　(6) $x^2(x-1)+2(x-1)$
　　(7) $\dfrac{1}{12}(2ay+3by-18a-27b)=\dfrac{1}{12}\{y(2a+3b)-9(2a+3b)\}$
　　(8) $-\dfrac{1}{6}(x^3-2x^2+3x-6)=-\dfrac{1}{6}\{x^2(x-2)+3(x-2)\}$

3章 公式の利用

問1 (1) $(x+2)^2$ (2) $(x-1)^2$ (3) $(a-6)^2$
(4) $(t+5)^2$ (5) $(4x-1)^2$ (6) $(5x-3)^2$

1 (1) $(a-10b)^2$ (2) $(x+2y)^2$ (3) $(a-4b)^2$
(4) $(3x+y)^2$ (5) $(3a+2b)^2$ (6) $(4x+5y)^2$
(7) $(9a-4b)^2$ (8) $(2s-7t)^2$ (9) $(6p+5q)^2$

2 (1) $2(x+1)^2$ (2) $4(2x-1)^2$ (3) $-(3x-1)^2$
(4) $-(x-4y)^2$ (5) $2(a+3b)^2$
(6) $(x+0.7)^2$ または $\dfrac{1}{100}(10x+7)^2$ (7) $\dfrac{1}{2}(x-3)^2$
(8) $\dfrac{1}{4}(2x+1)^2$ または $\left(x+\dfrac{1}{2}\right)^2$ (9) $\dfrac{1}{4}(2x+5)^2$ または $\left(x+\dfrac{5}{2}\right)^2$
(10) $\dfrac{1}{36}(3x-2y)^2$ または $\left(\dfrac{x}{2}-\dfrac{y}{3}\right)^2$ (11) $\dfrac{1}{2}(2x-y)^2$ または $2\left(x-\dfrac{y}{2}\right)^2$
(12) $\dfrac{1}{14}(7s+6t)^2$ または $\dfrac{7}{2}\left(s+\dfrac{6}{7}t\right)^2$

[解説] (1) $2(x^2+2x+1)$ (2) $4(4x^2-4x+1)$
(3) $-(9x^2-6x+1)$ (4) $-(x^2-8xy+16y^2)$
(5) $2(a^2+6ab+9b^2)$
(6) $x^2+2\cdot x\cdot 0.7+(0.7)^2$ または, $\dfrac{1}{100}\{(10x)^2+2\cdot 10\cdot x\cdot 7+7^2\}=\dfrac{1}{100}(10x+7)^2$

(7) $\dfrac{1}{2}(x^2-6x+9)$

(8) $\dfrac{1}{4}(4x^2+4x+1)$ または, $x^2+2\cdot x\cdot \dfrac{1}{2}+\left(\dfrac{1}{2}\right)^2=\left(x+\dfrac{1}{2}\right)^2$

(9) $\dfrac{1}{4}(4x^2+20x+25)$ または, $x^2+2\cdot x\cdot \dfrac{5}{2}+\left(\dfrac{5}{2}\right)^2=\left(x+\dfrac{5}{2}\right)^2$

(10) $\dfrac{1}{36}(9x^2-12xy+4y^2)$ または, $\left(\dfrac{x}{2}\right)^2-2\cdot \dfrac{x}{2}\cdot \dfrac{y}{3}+\left(\dfrac{y}{3}\right)^2=\left(\dfrac{x}{2}-\dfrac{y}{3}\right)^2$

(11) $\dfrac{1}{2}(4x^2-4xy+y^2)$ または, $2\left\{x^2-2\cdot x\cdot \dfrac{y}{2}+\left(\dfrac{y}{2}\right)^2\right\}=2\left(x-\dfrac{y}{2}\right)^2$

(12) $\dfrac{1}{14}\{(7s)^2+2\cdot 7s\cdot 6t+(6t)^2\}$

または, $\dfrac{7}{2}\left\{s^2+2\cdot s\cdot \dfrac{6}{7}t+\left(\dfrac{6}{7}t\right)^2\right\}=\dfrac{7}{2}\left(s+\dfrac{6}{7}t\right)^2$

3 (1) 順に 16, 4 (2) 順に 25, 5 (3) 順に 14, 7 (4) 順に 9, 3

4 (1) $\dfrac{1}{2}$ (2) 4 (3) $\dfrac{1}{4}$ (4) $\dfrac{1}{9}$
(5) $\dfrac{9}{4}$ (6) 21 (7) $\dfrac{1}{100}$ (8) $\dfrac{1}{4}$
(9) 4

解説 (1) $\left(a+\dfrac{1}{4}b\right)^2$ (2) $(2x-5)^2$ (3) $\left(x+\dfrac{1}{2}\right)^2$
(4) $\left(3a-\dfrac{1}{3}\right)^2$ (5) $\left(x+\dfrac{3}{2}y\right)^2$ (6) $\left(7a-\dfrac{3}{2}\right)^2$
(7) $\left(a-\dfrac{1}{10}\right)^2$ (8) $\left(\dfrac{1}{2}x-5y\right)^2$ (9) $4(x+y)^2$

5 (1) $a(x-10)^2$ (2) $x(x+8)^2$ (3) $x^2(2x-3)^2$
(4) $xy(x+6y)^2$ (5) $\dfrac{3}{4}a(a-4)^2$ (6) $-\dfrac{1}{6}x(3a+2)^2$
(7) $\dfrac{1}{3}x(x-3)^2$ (8) $\dfrac{1}{2}b(2a+1)^2$ (9) $\dfrac{1}{4}y^2(2x+5)^2$

解説 (1) $a(x^2-20x+100)$ (2) $x(x^2+16x+64)$
(3) $x^2(4x^2-12x+9)$ (4) $xy(x^2+12xy+36y^2)$
(5) $\dfrac{3}{4}a(a^2-8a+16)$ (6) $-\dfrac{1}{6}x(9a^2+12a+4)$
(7) $\dfrac{1}{3}x(x^2-6x+9)$ (8) $\dfrac{1}{2}b(4a^2+4a+1)$
(9) $\dfrac{1}{4}y^2(4x^2+20x+25)$

6 (1) $(ab-cd)^2$ (2) $(xy+3z)^2$
(3) $(x+4y-1)^2$ (4) $(2x-2y-3z)^2$
(5) $(a+2b-2c)^2$ (6) $(3a+3b-2c)^2$
(7) $(5a-b-4c)^2$ (8) $(p-7q)^2$
(9) $4(x+2y)^2$

解説 (3) $\{(x-1)+4y\}^2$ (4) $\{2(x-y)-3z\}^2$
(5) $\{a+2(b-c)\}^2$ (6) $\{3(a+b)-2c\}^2$
(7) $\{5(a-b)+4(b-c)\}^2$ (8) $\{4(p-q)-3(p+q)\}^2$
(9) $\{3(x+y)-(x-y)\}^2=(2x+4y)^2=\{2(x+2y)\}^2$

注意 (9) $2x+4y=2(x+2y)$ であるから，$(2x+4y)^2$ を答えとしないで，$4(x+2y)^2$ を答えとする。

問2 (1) $(x+2)(x-2)$ (2) $(x+1)(x-1)$
(3) $(a+10)(a-10)$ (4) $(p+7)(p-7)$

7 (1) $(4x+y)(4x-y)$ (2) $(5a+9b)(5a-9b)$
(3) $2(x+5)(x-5)$ (4) $4(x+2y)(x-2y)$
(5) $2(a+3b)(a-3b)$ (6) $3(4x+y)(4x-y)$
(7) $\dfrac{1}{36}(3a+2b)(3a-2b)$ または $\left(\dfrac{a}{2}+\dfrac{b}{3}\right)\left(\dfrac{a}{2}-\dfrac{b}{3}\right)$
(8) $-\dfrac{1}{144}(8a+3b)(8a-3b)$ または $-\left(\dfrac{2}{3}a+\dfrac{1}{4}b\right)\left(\dfrac{2}{3}a-\dfrac{1}{4}b\right)$
(9) $\dfrac{1}{15}(3x+5y)(3x-5y)$

解説 (8) $-\dfrac{1}{144}(64a^2-9b^2)$
(9) $\dfrac{1}{15}(9x^2-25y^2)$

8 (1) $a(x+10)(x-10)$ (2) $x(x+6)(x-6)$
(3) $x^2(5x+3)(5x-3)$ (4) $xy(7x+6y)(7x-6y)$
(5) $\frac{1}{6}ab(3a+2b)(3a-2b)$ (6) $\frac{3}{2}a(a+4)(a-4)$

解説 (1) $a(x^2-100)$ (2) $x(x^2-36)$
(3) $x^2(25x^2-9)$ (4) $xy(49x^2-36y^2)$
(5) $\frac{1}{6}ab(9a^2-4b^2)$ (6) $\frac{3}{2}a(a^2-16)$

9 (1) $(x+3y)(x+y)$ (2) $(3a+2b+c)(3a-2b-c)$
(3) $-(2x-1)(12x+1)$ (4) $x(3x+2y)$
(5) $(5x-y)(x+5y)$ (6) $(x+y+a+b)(x-y+a-b)$
(7) $(x-1)(5x+7)$ (8) $-3(11x-y)(x+5y)$
(9) $a(3a+2b+2c)$ (10) $4(2x+1)(x+2y-2)$

解説 (1) $\{(x+2y)+y\}\{(x+2y)-y\}$
(2) $\{3a+(2b+c)\}\{3a-(2b+c)\}$
(3) $\{(5x+1)+7x\}\{(5x+1)-7x\}$
(4) $\{(2x+y)+(x+y)\}\{(2x+y)-(x+y)\}$
(5) $\{(3x+2y)+(2x-3y)\}\{(3x+2y)-(2x-3y)\}$
(6) $\{(x+a)+(y+b)\}\{(x+a)-(y+b)\}$
(7) $\{3(x+1)+2(x+2)\}\{3(x+1)-2(x+2)\}$
(8) $\{4(x-2y)+7(x+y)\}\{4(x-2y)-7(x+y)\}=(11x-y)(-3x-15y)$
(9) $\{(2a+b+c)+(a+b+c)\}\{(2a+b+c)-(a+b+c)\}$
(10) $\{(3x+2y-1)+(x-2y+3)\}\{(3x+2y-1)-(x-2y+3)\}$
$=(4x+2)(2x+4y-4)$

注意 (8) $-3x-15y=-3(x+5y)$ であるから，$(11x-y)(-3x-15y)$ を答えとしないで，$-3(11x-y)(x+5y)$ を答えとする。

10 (1) $(x+y+z)(x+y-z)$ (2) $(a+2b+1)(a+2b-1)$
(3) $(x+y+2z)(x-y-2z)$ (4) $(x+y+1)(x-y+1)$
(5) $-(x-y+1)(x-y-1)$ (6) $(x+y+z)(x-y+z)$
(7) $(3a+b+c)(3a+b-c)$ (8) $(2x-3y+2z)(2x-3y-2z)$
(9) $(x+y+2)(x-y-2)$ (10) $(3x-5y+6z)(3x-5y-6z)$
(11) $(7x+6y-1)(7x-6y+1)$ (12) $(5a+4b+3c)(5a-4b-3c)$

解説 (1) $(x+y)^2-z^2$ (2) $(a+2b)^2-1^2$
(3) $x^2-(y+2z)^2$ (4) $(x+1)^2-y^2$
(5) $1^2-(x-y)^2$ (6) $(x+z)^2-y^2$
(7) $(3a+b)^2-c^2$ (8) $(2x-3y)^2-(2z)^2$
(9) $x^2-(y+2)^2$ (10) $(3x-5y)^2-(6z)^2$
(11) $(7x)^2-(6y-1)^2$ (12) $(5a)^2-(4b+3c)^2$

11 (1) $(a+b+c+d)(a+b-c-d)$ (2) $(a+b+c-d)(a-b+c+d)$
(3) $(a+b+c-d)(a-b-c-d)$ (4) $(x+2y+z+1)(x+2y-z-1)$
(5) $(2x+y-z-2)(2x-y-z+2)$ (6) $(2x+2y-z+2)(2x-2y+z+2)$
(7) $(3x-y+2z)(3x-3y-2z)$

解説 (1) $(a+b)^2-(c+d)^2=\{(a+b)+(c+d)\}\{(a+b)-(c+d)\}$
(2) $(a+c)^2-(b-d)^2=\{(a+c)+(b-d)\}\{(a+c)-(b-d)\}$
(3) $(a-d)^2-(b+c)^2=\{(a-d)+(b+c)\}\{(a-d)-(b+c)\}$

(4) $(x+2y)^2-(z+1)^2=\{(x+2y)+(z+1)\}\{(x+2y)-(z+1)\}$
(5) $(2x-z)^2-(y-2)^2=\{(2x-z)+(y-2)\}\{(2x-z)-(y-2)\}$
(6) $4(x+1)^2-(2y-z)^2=\{2(x+1)+(2y-z)\}\{2(x+1)-(2y-z)\}$
(7) $9x^2-12xy+4y^2-y^2-4yz-4z^2=(3x-2y)^2-(y+z)^2$
   $=\{(3x-2y)+(y+2z)\}\{(3x-2y)-(y+2z)\}$

12 (1) $(x-2)(x+2)^2$ (2) $(x+1)(x-1)^2$
(3) $(3a-1)(3a+1)^2$ (4) $(s-t)(s+t)^2$
(5) $\dfrac{1}{8}(2x-1)(2x+1)^2$ (6) $\dfrac{1}{27}(2a+3)(2a-3)^2$

解説 (1) $x^2(x+2)-4(x+2)$ (2) $x^2(x-1)-(x-1)$
(3) $9a^2(3a+1)-(3a+1)$ (4) $s^2(s+t)-t^2(s+t)$
(5) $\dfrac{1}{8}(8x^3+4x^2-2x-1)=\dfrac{1}{8}\{4x^2(2x+1)-(2x+1)\}$
(6) $\dfrac{1}{27}(8a^3-12a^2-18a+27)=\dfrac{1}{27}\{4a^2(2a-3)-9(2a-3)\}$

13 (1) $(a+1)(a-1)(a^2+1)$ (2) $(2x+3y)(2x-3y)(4x^2+9y^2)$
(3) $(a^3+b^2)(a^3-b^2)$ (4) $(7x^2+9y^2)(7x^2-9y^2)$
(5) $(2x+y^2)(2x-y^2)(4x^2+y^4)$ (6) $(a+b)(a-b)(a^2+b^2)(a^4+b^4)$

解説 (1) $(a^2+1)(a^2-1)$
(2) $(4x^2+9y^2)(4x^2-9y^2)$
(3) a^3-b^2 はこれ以上因数分解できない。
(4) $7x^2-9y^2$ はこれ以上因数分解できない。
(5) $(4x^2+y^4)(4x^2-y^4)$ $4x^2+y^4$ はこれ以上因数分解できない。
(6) $(a^4+b^4)(a^4-b^4)$ a^4+b^4 はこれ以上因数分解できない。

問3 (1) $(x+1)(x+3)$ (2) $(x-2)(x-1)$
(3) $(a-5)(a-1)$ (4) $(t+1)(t+4)$
(5) $(a-7)(a-1)$ (6) $(p+1)(p+6)$

14 (1) $(x+3)(x+5)$ (2) $(x+4)(x+6)$ (3) $(a-3)(a+5)$
(4) $(a-5)(a+4)$ (5) $(x-21)(x+1)$ (6) $(x-4)(x+9)$
(7) $(x-7)(x+3)$ (8) $(y-3)(y+2)$ (9) $(a-5)(a+3)$
(10) $(x-9)(x-4)$ (11) $(x-6)(x-5)$ (12) $(x-18)(x+2)$
(13) $(a-25)(a-4)$ (14) $(x-15)(x+2)$ (15) $(x-18)(x-2)$
(16) $(a-20)(a-5)$ (17) $(a-25)(a+4)$ (18) $(a-5)(a+20)$

15 (1) $(x+y)(x+2y)$ (2) $(x-5y)(x+10y)$ (3) $(x+y)(x+5y)$
(4) $(x-6y)(x+2y)$ (5) $(x-7y)(x+6y)$ (6) $(x+y)(x+11y)$
(7) $(a-7b)(a+8b)$ (8) $(p+3q)(p+4q)$ (9) $(m-8n)(m+6n)$
(10) $(s-12t)(s-5t)$ (11) $(x+5y)(x+9y)$ (12) $(s-8t)(s+7t)$
(13) $(s+4t)(s+14t)$ (14) $(x-16y)(x+2y)$ (15) $(x-60y)(x-5y)$

16 (1) $2(x+1)(x+2)$ (2) $4(x-2)(x+6)$
(3) $3(x-4y)(x+2y)$ (4) $6(a-3b)(a+4b)$
(5) $4(x-4y)(x+y)$ (6) $5(a-8b)(a-2b)$

解説 (2) $4(x^2+4x-12)$ (3) $3(x^2-2xy-8y^2)$
(4) $6(a^2+ab-12b^2)$ (5) $4(x^2-3xy-4y^2)$
(6) $5(a^2-10ab+16b^2)$

17 (1) $-(x-8)(x-2)$
(2) $-(p-5)(p+8)$
(3) $-(x-2y)(x+4y)$
(4) $-(a-9b)(a+b)$
(5) $-(x-8y)(x+4y)$
(6) $-(a-8b)(a+2b)$
[解説] (1) $-(x^2-10x+16)$
(2) $-(p^2+3p-40)$
(3) $-(x^2+2xy-8y^2)$
(4) $-(a^2-8ab-9b^2)$
(5) $-(x^2-4xy-32y^2)$
(6) $-(a^2-6ab-16b^2)$

18 (1) $\dfrac{1}{6}(x-1)(x+2)$
(2) $-\dfrac{1}{30}(x-6)(x+1)$
(3) $-\dfrac{1}{12}(x+2y)(x+4y)$
(4) $\dfrac{1}{8}(x-20y)(x-4y)$
[解説] (1) $\dfrac{1}{6}(x^2+x-2)$
(2) $-\dfrac{1}{30}(x^2-5x-6)$
(3) $-\dfrac{1}{12}(x^2+6xy+8y^2)$
(4) $\dfrac{1}{8}(x^2-24xy+80y^2)$

19 (1) $a(b-15)(b-4)$
(2) $z(x-6y)(x-2y)$
(3) $-a(b-7)(b+5)$
(4) $-3x(y-2z)(y+8z)$
[解説] (1) $a(b^2-19b+60)$
(2) $z(x^2-8xy+12y^2)$
(3) $-a(b^2-2b-35)$
(4) $-3x(y^2+6yz-16z^2)$

20 (1) $pq(p-11)(p+4)$
(2) $xyz(x+1)(x+6)$
(3) $2abc(a-2b)(a+7b)$
(4) $-xyz^2(x-8z)(x+3z)$
[解説] (1) $pq(p^2-7p-44)$
(2) $xyz(x^2+7x+6)$
(3) $2abc(a^2+5ab-14b^2)$
(4) $-xyz^2(x^2-5xz-24z^2)$

21 (1) $(xy-4)(xy+1)$
(2) $(ab+3c)(ab+6c)$
(3) $(xy-9ab)(xy-3ab)$
(4) $(ad-3bc)(ad+9bc)$
[解説] (1) $(xy)^2-3xy-4$
(2) $(ab)^2+9\cdot ab\cdot c+18c^2$
(3) $(xy)^2-12\cdot xy\cdot ab+27(ab)^2$
(4) $(ad)^2+6\cdot ad\cdot bc-27(bc)^2$

22 (1) $(x+y-8)(x+y-7)$
(2) $(x^2-3x+3)(x^2-3x+7)$
(3) $(x+1)^2(x^2+2x+2)$
(4) $(x-4)(x+2)(x-1)^2$
(5) $(x-2)(x+3)(x^2+x+2)$
(6) $(x+2)(x-2)(x^2+3)$
(7) $(x+2)(x+3)(x^2+5x-2)$
(8) $(x+y-1)(x+3y-1)$
(9) $(x-8y+4)(x+6y+4)$
(10) $(2x-y+3)(2x+3y+3)$
[解説] (1) $\{(x+y)-8\}\{(x+y)-7\}$
(2) $\{(x^2-3x)+3\}\{(x^2-3x)+7\}$
(3) $\{(x^2+2x)+1\}\{(x^2+2x)+2\}=(x^2+2x+1)(x^2+2x+2)$
(4) $\{(x^2-2x)-8\}\{(x^2-2x)+1\}=(x^2-2x-8)(x^2-2x+1)$
(5) $\{x(x+1)-6\}\{x(x+1)+2\}=(x^2+x-6)(x^2+x+2)$
(6) $\{(x^2+2)-6\}\{(x^2+2)+1\}=(x^2-4)(x^2+3)$
(7) $\{(x^2+5x)-2\}\{(x^2+5x)+6\}$
(8) $\{(x-1)+y\}\{(x-1)+3y\}$
(9) $\{(x+4)-8y\}\{(x+4)+6y\}$
(10) $\{(2x+3)-y\}\{(2x+3)+3y\}$

問4 (1) $(x+1)(2x+3)$ (2) $(x-1)(2x-3)$ (3) $(x+2)(2x+1)$
(4) $(x-2)(2x-1)$ (5) $(x+3)(3x+1)$ (6) $(x-3)(3x-1)$

23 (1) $(x+3)(2x+1)$ (2) $(x-5)(2x-1)$ (3) $(x-2)(3x-2)$
(4) $(x+2)(5x+2)$ (5) $(x-4)(3x-1)$ (6) $(a+5)(3a+1)$
(7) $(a+3)(2a+3)$ (8) $(s-1)(2s-9)$ (9) $(t+9)(2t+1)$

解説 (1)
```
1   3 → 6
2 × 1 → 1
          ―
          7
```
(2)
```
1   -5 → -10
2 × -1 → -1
          ―――
          -11
```
(3)
```
1   -2 → -6
3 × -2 → -2
          ――
          -8
```
(4)
```
1   2 → 10
5 × 2 → 2
         ――
         12
```
(5)
```
1   -4 → -12
3 × -1 → -1
          ―――
          -13
```
(6)
```
1   5 → 15
3 × 1 → 1
         ――
         16
```
(7)
```
1   3 → 6
2 × 3 → 3
         ―
         9
```
(8)
```
1   -1 → -2
2 × -9 → -9
          ―――
          -11
```
(9)
```
1   9 → 18
2 × 1 → 1
         ――
         19
```

24 (1) $(x+2)(4x+3)$ (2) $(x-3)(3x+1)$ (3) $(x+1)(5x-6)$
(4) $(2x+5)(3x-2)$ (5) $(2x+3)(3x-4)$ (6) $(2x+3)(4x-3)$
(7) $(2x+5)(4x-3)$ (8) $(a+1)(14a-3)$ (9) $(3t-2)(5t-8)$

解説 (1)
```
1   2 → 8
4 × 3 → 3
         ――
         11
```
(2)
```
1   -3 → -9
3 × 1 → 1
         ――
         -8
```
(3)
```
1   1 → 5
5 × -6 → -6
         ――
         -1
```
(4)
```
2   5 → 15
3 × -2 → -4
          ――
          11
```
(5)
```
2   3 → 9
3 × -4 → -8
          ――
          1
```
(6)
```
2   3 → 12
4 × -3 → -6
          ――
          6
```
(7)
```
2   5 → 20
4 × -3 → -6
          ――
          14
```
(8)
```
1   1 → 14
14 × -3 → -3
           ――
           11
```
(9)
```
3   -2 → -10
5 × -8 → -24
          ―――
          -34
```

25 (1) $-(x-3)(4x+9)$ (2) $-(x-2)(3x+1)$
(3) $-(x-2)(2x+3)$ (4) $-(2x-3)(3x+1)$

解説 (1) $-(4x^2-3x-27)$
```
1   -3 → -12
4 × 9 → 9
         ――
         -3
```
(2) $-(3x^2-5x-2)$
```
1   -2 → -6
3 × 1 → 1
         ――
         -5
```
(3) $-(2x^2-x-6)$
```
1   -2 → -4
2 × 3 → 3
         ――
         -1
```
(4) $-(6x^2-7x-3)$
```
2   -3 → -9
3 × 1 → 2
         ――
         -7
```

26 (1) $(x+y)(3x+2y)$　　(2) $(2x-3y)(3x-y)$
(3) $(x-4y)(2x+3y)$　　(4) $(2s-3t)(3s+5t)$
(5) $(3s-4t)(4s+3t)$　　(6) $(3s+2t)(8s-5t)$

解説 (1)
```
1   1 →  3
 ✕
3   2 →  2
         ─
         5
```
(2)
```
2   -3 → -9
 ✕
3   -1 → -2
         ───
        -11
```
(3)
```
1   -4 → -8
 ✕
2    3 →  3
         ──
        -5
```
(4)
```
2   -3 → -9
 ✕
3    5 → 10
         ──
          1
```
(5)
```
3   -4 → -16
 ✕
4    3 →   9
         ───
         -7
```
(6)
```
3    2 →  16
 ✕
8   -5 → -15
         ───
           1
```

27 (1) $\dfrac{1}{6}(x+2)(6x+1)$　(2) $\dfrac{1}{4}(x+1)(4x-3)$　(3) $\dfrac{1}{3}(x-3)(3x+1)$
(4) $\dfrac{1}{2}(2a+1)(3a-2)$　(5) $\dfrac{1}{5}(2x+3y)(5x+2y)$　(6) $\dfrac{1}{2}(2p-q)(2p+3q)$
(7) $\dfrac{1}{3}(2x+y)(3x+y)$　(8) $\dfrac{1}{3}(x-y)(6x+y)$　(9) $\dfrac{1}{6}(a-b)(3a+2b)$

解説 (1) $\dfrac{1}{6}(6x^2+13x+2)$　(2) $\dfrac{1}{4}(4x^2+x-3)$　(3) $\dfrac{1}{3}(3x^2-8x-3)$
```
1   2 → 12          1    1 →  4          1   -3 → -9
 ✕                   ✕                    ✕
6   1 →  1          4   -3 → -3          3    1 →  1
        ──                   ──                    ──
        13                    1                    -8
```
(4) $\dfrac{1}{2}(6a^2-a-2)$　(5) $\dfrac{1}{5}(10x^2+19xy+6y^2)$　(6) $\dfrac{1}{2}(4p^2+4pq-3q^2)$
```
2    1 →  3         2    3 → 15         2   -1 → -2
 ✕                   ✕                    ✕
3   -2 → -4         5    2 →  4         2    3 →  6
         ──                  ──                   ──
         -1                  19                    4
```
(7) $\dfrac{1}{3}(6x^2+5xy+y^2)$　(8) $\dfrac{1}{3}(6x^2-5xy-y^2)$　(9) $\dfrac{1}{6}(3a^2-ab-2b^2)$
```
2   1 → 3           1   -1 → -6          1   -1 → -3
 ✕                   ✕                    ✕
3   1 → 2           6    1 →  1          3    2 →  2
        ─                    ──                    ──
        5                    -5                    -1
```

28 (1) $2a(x-2)(2x+3)$　　(2) $y(x+1)(3x-4)$
(3) $x(x+4)(2x+1)$　　(4) $3t(2t-1)(2t+3)$
(5) $4x(2x-y)(3x+4y)$　　(6) $3y(3x-2y)(3x-y)$

解説 (1) $2a(2x^2-x-6)$　(2) $y(3x^2-x-4)$
```
1   -2 → -4         1    1 →  3
 ✕                   ✕
2    3 →  3         3   -4 → -4
         ──                  ──
         -1                  -1
```

(3) $x(2x^2+9x+4)$

$$\begin{array}{c} 1 \diagup 4 \longrightarrow 8 \\ 2 \diagdown 1 \longrightarrow \underline{1} \\ 9 \end{array}$$

(4) $3t(4t^2+4t-3)$

$$\begin{array}{c} 2 \diagup -1 \longrightarrow -2 \\ 2 \diagdown 3 \longrightarrow \underline{6} \\ 4 \end{array}$$

(5) $4x(6x^2+5xy-4y^2)$

$$\begin{array}{c} 2 \diagup -1 \longrightarrow -3 \\ 3 \diagdown 4 \longrightarrow \underline{8} \\ 5 \end{array}$$

(6) $3y(9x^2-9xy+2y^2)$

$$\begin{array}{c} 3 \diagup -2 \longrightarrow -6 \\ 3 \diagdown -1 \longrightarrow \underline{-3} \\ -9 \end{array}$$

29 (1) $\dfrac{2}{3}x(x-2y)(3x+2y)$

(2) $\dfrac{1}{5}a(p+2q)(5p+q)$

(3) $\dfrac{1}{9}y(3x-7y)(6x+5y)$

(4) $\dfrac{1}{3}st(3s-5t)(4s-3t)$

(5) $ax^2(4x+a)(9x+25a)$

(6) $(a+b)(x-2)(5x-1)$

解説 (1) $\dfrac{2}{3}x(3x^2-4xy-4y^2)$

$$\begin{array}{c} 1 \diagup -2 \longrightarrow -6 \\ 3 \diagdown 2 \longrightarrow \underline{2} \\ -4 \end{array}$$

(2) $\dfrac{1}{5}a(5p^2+11pq+2q^2)$

$$\begin{array}{c} 1 \diagup 2 \longrightarrow 10 \\ 5 \diagdown 1 \longrightarrow \underline{1} \\ 11 \end{array}$$

(3) $\dfrac{1}{9}y(18x^2-27xy-35y^2)$

$$\begin{array}{c} 3 \diagup -7 \longrightarrow -42 \\ 6 \diagdown 5 \longrightarrow \underline{15} \\ -27 \end{array}$$

(4) $\dfrac{1}{3}st(12s^2-29st+15t^2)$

$$\begin{array}{c} 3 \diagup -5 \longrightarrow -20 \\ 4 \diagdown -3 \longrightarrow \underline{-9} \\ -29 \end{array}$$

(5) $ax^2(36x^2+109ax+25a^2)$

$$\begin{array}{c} 4 \diagup 1 \longrightarrow 9 \\ 9 \diagdown 25 \longrightarrow \underline{100} \\ 109 \end{array}$$

(6) $(a+b)(5x^2-11x+2)$

$$\begin{array}{c} 1 \diagup -2 \longrightarrow -10 \\ 5 \diagdown -1 \longrightarrow \underline{-1} \\ -11 \end{array}$$

30 (1) $(xy-3z)(4xy+3z)$

(2) $(2a-3bc)(3a+5bc)$

(3) $(ab-2cd)(3ab+cd)$

(4) $(2ad-7bc)(3ad-2bc)$

解説 (1) $4(xy)^2-9\cdot xy\cdot z-9z^2$

$$\begin{array}{c} 1 \diagup -3 \longrightarrow -12 \\ 4 \diagdown 3 \longrightarrow \underline{3} \\ -9 \end{array}$$

(2) $6a^2+a\cdot bc-15(bc)^2$

$$\begin{array}{c} 2 \diagup -3 \longrightarrow -9 \\ 3 \diagdown 5 \longrightarrow \underline{10} \\ 1 \end{array}$$

(3) $3(ab)^2-5\cdot ab\cdot cd-2(cd)^2$

$$\begin{array}{c} 1 \diagup -2 \longrightarrow -6 \\ 3 \diagdown 1 \longrightarrow \underline{1} \\ -5 \end{array}$$

(4) $6(ad)^2-25\cdot ad\cdot bc+14(bc)^2$

$$\begin{array}{c} 2 \diagup -7 \longrightarrow -21 \\ 3 \diagdown -2 \longrightarrow \underline{-4} \\ -25 \end{array}$$

31 (1) $(x+1)(2x+3)$
(2) $(x+1)(4x+7)$
(3) $(a-b+1)(3a-3b-4)$
(4) $(x+1)(x-1)(3x^2+5)$
(5) $(x-2)(x-1)(2x^2-6x-15)$
(6) $(x-1)(x+3)(2x+1)(2x+3)$
(7) $(x+2y+2)(3x+6y+11)$
(8) $(x-3)(x+2)(2x^2-2x-3)$

解説 (1) $\{(x+2)-1\}\{2(x+2)-1\}$

$$\begin{array}{r}1 \searrow\!\!\!\!\!\nearrow -1 \longrightarrow -2 \\ 2 \!\!\!\!\! -1 \longrightarrow \underline{-1} \\ -3\end{array}$$

(2) $\{(x+2)-1\}\{4(x+2)-1\}$

$$\begin{array}{r}1 \searrow\!\!\!\!\!\nearrow -1 \longrightarrow -4 \\ 4 \!\!\!\!\! -1 \longrightarrow \underline{-1} \\ -5\end{array}$$

(3) $\{(a-b)+1\}\{3(a-b)-4\}$

$$\begin{array}{r}1 \searrow\!\!\!\!\!\nearrow 1 \longrightarrow 3 \\ 3 \!\!\!\!\! -4 \longrightarrow \underline{-4} \\ -1\end{array}$$

(4) $\{(x^2+1)-2\}\{3(x^2+1)+2\}$

$$\begin{array}{r}1 \searrow\!\!\!\!\!\nearrow -2 \longrightarrow -6 \\ 3 \!\!\!\!\! 2 \longrightarrow \underline{2} \\ -4\end{array}$$

(5) $\{(x^2-3x)+2\}\{2(x^2-3x)-15\}$

$$\begin{array}{r}1 \searrow\!\!\!\!\!\nearrow 2 \longrightarrow 4 \\ 2 \!\!\!\!\! -15 \longrightarrow \underline{-15} \\ -11\end{array}$$

(6) $\{(x^2+2x)-3\}\{4(x^2+2x)+3\}$
$=(x^2+2x-3)(\boxed{4x^2+8x+3})$

$$\begin{array}{r}1 \searrow\!\!\!\!\!\nearrow -3 \longrightarrow -12 \\ 4 \!\!\!\!\! 3 \longrightarrow \underline{3} \\ -9\end{array} \qquad \begin{array}{r}2 \searrow\!\!\!\!\!\nearrow 1 \longrightarrow 2 \\ 2 \!\!\!\!\! 3 \longrightarrow \underline{6} \\ 8\end{array}$$

(7) $\{(x+2y+3)-1\}\{3(x+2y+3)+2\}$

$$\begin{array}{r}1 \searrow\!\!\!\!\!\nearrow -1 \longrightarrow -3 \\ 3 \!\!\!\!\! 2 \longrightarrow \underline{2} \\ -1\end{array}$$

(8) $\{(x^2-x+1)-7\}\{2(x^2-x+1)-5\}$
$=(x^2-x-6)(2x^2-2x-3)$

$$\begin{array}{r}1 \searrow\!\!\!\!\!\nearrow -7 \longrightarrow -14 \\ 2 \!\!\!\!\! -5 \longrightarrow \underline{-5} \\ -19\end{array}$$

32 (1) $(x+a)(ax+1)$
(2) $(ax+1)(ax+a+1)$
(3) $(x+y)(xy+2x+y)$
(4) $(ax+b)(bx+a)$
(5) $(ax+b)(bx-a)$
(6) $(x+a)(ax+x+2)$
(7) $(ax+a+1)(ax+x+a)$

解説 (1)

$$\begin{array}{r}1 \searrow\!\!\!\!\!\nearrow a \longrightarrow a^2 \\ a \!\!\!\!\! 1 \longrightarrow \underline{1} \\ a^2+1\end{array}$$

(2)

$$\begin{array}{r}a \searrow\!\!\!\!\!\nearrow 1 \longrightarrow a \\ a \!\!\!\!\! a+1 \longrightarrow \underline{a^2+a} \\ a^2+2a\end{array}$$

(3) $(y+x)\{(x+1)y+2x\}$

$$\begin{array}{r}1 \searrow\!\!\!\!\!\nearrow x \longrightarrow x^2+x \\ x+1 \!\!\!\!\! 2x \longrightarrow \underline{2x} \\ x^2+3x\end{array}$$

(4)

$$\begin{array}{r}a \searrow\!\!\!\!\!\nearrow b \longrightarrow b^2 \\ b \!\!\!\!\! a \longrightarrow \underline{a^2} \\ a^2+b^2\end{array}$$

(5)
```
a   b  →  b²
b × -a → -a²
          ─────
          -a²+b²
```

(6)
```
1    a  →  a²+a
a+1 × 2 →  2
           ─────
           a²+a+2
```

(7)
```
a    a+1 → a²+2a+1
a+1 × a  → a²
           ──────
           2a²+2a+1
```

問5 (1) $(x+1)(x^2-x+1)$ (2) $(x-2)(x^2+2x+4)$
(3) $(a+3)(a^2-3a+9)$ (4) $(t-3)(t^2+3t+9)$

33 (1) $(x+2y)(x^2-2xy+4y^2)$ (2) $(a-4b)(a^2+4ab+16b^2)$
(3) $(4x-5y)(16x^2+20xy+25y^2)$ (4) $(3xy+z)(9x^2y^2-3xyz+z^2)$
(5) $(2abc-7d)(4a^2b^2c^2+14abcd+49d^2)$
(6) $(2ab+3cd)(4a^2b^2-6abcd+9c^2d^2)$
解説 (1) $x^3+(2y)^3$ (2) $a^3-(4b)^3$
(3) $(4x)^3-(5y)^3$ (4) $(3xy)^3+z^3$
(5) $(2abc)^3-(7d)^3$ (6) $(2ab)^3+(3cd)^3$

34 (1) $12(a+2b)(a^2-2ab+4b^2)$ (2) $2(5x-2y)(25x^2+10xy+4y^2)$
(3) $\frac{1}{6}(2p-3q)(4p^2+6pq+9q^2)$ (4) $-\frac{1}{35}(5s+7t)(25s^2-35st+49t^2)$
(5) $b(3a+4b)(9a^2-12ab+16b^2)$ (6) $2a(6a-5b)(36a^2+30ab+25b^2)$
解説 (1) $12\{a^3+(2b)^3\}$ (2) $2\{(5x)^3-(2y)^3\}$
(3) $\frac{1}{6}\{(2p)^3-(3q)^3\}$ (4) $-\frac{1}{35}\{(5s)^3+(7t)^3\}$
(5) $b\{(3a)^3+(4b)^3\}$ (6) $2a\{(6a)^3-(5b)^3\}$

35 (1) $(x+4)(x^2-x+7)$ (2) $x(x^2+3xy+3y^2)$
(3) $2a(a^2+3b^2)$ (4) $2b(3a^2+b^2)$
(5) $9(x+y)(x^2+xy+y^2)$ (6) $(x-y)(7x^2+13xy+7y^2)$
(7) $(4x+y)(7x^2+11xy+7y^2)$ (8) $4y(12x^2+12xy+7y^2)$
解説 (1) $\{(x+1)+3\}\{(x+1)^2-3(x+1)+3^2\}$
(2) $\{(x+y)-y\}\{(x+y)^2+(x+y)y+y^2\}$
(3) $\{(a+b)+(a-b)\}\{(a+b)^2-(a+b)(a-b)+(a-b)^2\}$
(4) $\{(a+b)-(a-b)\}\{(a+b)^2+(a+b)(a-b)+(a-b)^2\}$
(5) $\{(2x+y)+(x+2y)\}\{(2x+y)^2-(2x+y)(x+2y)+(x+2y)^2\}$
(6) $\{(2x+y)-(x+2y)\}\{(2x+y)^2+(2x+y)(x+2y)+(x+2y)^2\}$
(7) $\{(3x+2y)+(x-y)\}\{(3x+2y)^2-(3x+2y)(x-y)+(x-y)^2\}$
(8) $\{(2x+3y)-(2x-y)\}\{(2x+3y)^2+(2x+3y)(2x-y)+(2x-y)^2\}$
参考 (2),(3),(4),(8)は,展開してから因数分解してもよい。

36 (1) $(x-y)(x^2+xy+y^2+1)$ (2) $2(x+2y)(x^2+xy+4y^2)$
(3) $(s+t)^3$ (4) $(a-b)(a^2+ab+b^2-a-b)$
解説 (1) $(x-y)\{(x^2+xy+y^2)+1\}$ (2) $(x+2y)\{(x+2y)^2+(x^2-2xy+4y^2)\}$
(3) $(s+t)\{(s^2-st+t^2)+3st\}$ (4) $(a-b)\{(a^2+ab+b^2)-(a+b)\}$

37 (1) $(x+3)^3$ (2) $(2a-1)^3$
(3) $(3x-4y)^3$ (4) $(5s+2t)^3$

解説 (1) $x^3+3\cdot x^2\cdot 3+3\cdot x\cdot 3^2+3^3$
(2) $(2a)^3-3\cdot(2a)^2\cdot 1+3\cdot 2a\cdot 1^2-1^3$
(3) $(3x)^3-3\cdot(3x)^2\cdot 4y+3\cdot 3x\cdot(4y)^2-(4y)^3$
(4) $(5s)^3+3\cdot(5s)^2\cdot 2t+3\cdot 5s\cdot(2t)^2+(2t)^3$

38 (1) $(x+y+2)(x^2-xy+y^2-2x-2y+4)$
(2) $(2a+b-3)(4a^2-2ab+b^2+6a+3b+9)$
(3) $(3s-2t-1)(9s^2+6st+4t^2+3s-2t+1)$
(4) $(4s-5t-1)(16s^2+20st+25t^2+4s-5t+1)$

解説 (1) $x^3+y^3+2^3-3\cdot x\cdot y\cdot 2$
(2) $(2a)^3+b^3+(-3)^3-3\cdot 2a\cdot b\cdot(-3)$
(3) $(3s)^3+(-2t)^3+(-1)^3-3\cdot 3s\cdot(-2t)\cdot(-1)$
(4) $(4s)^3+(-5t)^3+(-1)^3-3\cdot 4s\cdot(-5t)\cdot(-1)$

1 (1) $(x-9)(x+1)$ (2) $(x-1)(x+9)$ (3) $(x+3)(x-3)$
(4) $(x-9)(x-1)$ (5) $(x-2)(x+3)$ (6) $(x-3)(x-2)$
(7) $(x-6)(x+1)$ (8) $(x-4)(x+1)$ (9) $(x-15)(x-2)$
(10) $(x-10)(x-3)$ (11) $(x-13)(x+6)$ (12) $(x-30)(x+1)$
(13) $(x-30)(x-1)$ (14) $(x-12)(x-3)$ (15) $(x-9)(x+4)$
(16) $(x-12)(x+3)$ (17) $(s+3)(s+7)$ (18) $(x+2y)(x+12y)$
(19) $(x-4y)(x+6y)$ (20) $(x+3y)(x+8y)$ (21) $(x-2y)(x+12y)$
(22) $(x-3y)(x+8y)$ (23) $(a-8b)(a-2b)$ (24) $(a+4b)(a-4b)$
(25) $(a+b)(a+16b)$ (26) $(x-9y)(x+5y)$ (27) $(x-15y)(x-3y)$
(28) $(x-3y)(x+15y)$ (29) $(s-4t)(s+14t)$ (30) $(s-28t)(s-2t)$
(31) $(s-28t)(s+2t)$ (32) $(x+2y)(x+16y)$ (33) $(x+10y)(x+30y)$
(34) $(x-20y)(x-15y)$ (35) $(x-12y)(x+25y)$ (36) $(x-50y)(x-6y)$

2 (1) $(5x-6)^2$ (2) $\dfrac{1}{16}(4x-5y)^2$ (3) $ab(a-2b)^2$
(4) $(x+5)^2$ (5) $(x+1)^4$

解説 (2) $\dfrac{1}{16}(16x^2-40xy+25y^2)$ (3) $ab(a^2-4ab+4b^2)$
(4) $\{(x+2)+3\}^2$ (5) $\{(x^2+2x+2)-1\}^2=(x^2+2x+1)^2$

3 (1) $(8a+9b)(8a-9b)$ (2) $2(5x+4y)(5x-4y)$
(3) $5xy(x+y)(x-y)$ (4) $(x+y)^2(x-y)$
(5) $(x+12)(x+2)$ (6) $(x+6y+6z)(x-6y-6z)$
(7) $x(x+1)(x-1)(x+2)$ (8) $2x(x+y)$
(9) $(x-y)(z+1)(z-1)$ (10) $(x-3y)(x+3y-1)$
(11) $(a-b)(2a-2b+1)(2a-2b-1)$ (12) $-(x+y+1)(x+y-1)$
(13) $(x+4)(x-4)(x+1)^2$
(14) $(x+y+z)(x+y-z)(x-y+z)(x-y-z)$
(15) $x(x-6y)(x+y)$ (16) $(x+4)(x-4)(x+1)(x-1)$
(17) $2a^2(a-6)(a+3)$ (18) $(a+b)(a-b)(x-1)$
(19) $(x-1)(x+3)(x+1)^2$ (20) $(x-2)(x+3)(x^2+x+7)$
(21) $(x-y)(x+2y)$ (22) $-(x-2)(x+4)$
(23) $(t-5)(t+1)(t-1)$ (24) $(x+1)(x+3)(x-3)$
(25) $(2x+3)(x+1)(x-1)$ (26) $(3st+1)(3st-1)^2$

(27) $(3x+4y)(x+2y)(x-2y)$　　(28) $\dfrac{1}{9}(3x-y)(3x+y)^2$

解説 (2) $2(25x^2-16y^2)$
(3) $5xy(x^2-y^2)$
(4) $(x^2+y^2)^2-(2xy)^2=\{(x^2+y^2)+2xy\}\{(x^2+y^2)-2xy\}$
　$=(x^2+2xy+y^2)(x^2-2xy+y^2)$
(5) $(x+7)^2-5^2=\{(x+7)+5\}\{(x+7)-5\}$
(6) $x^2-\{6(y+z)\}^2=\{x+6(y+z)\}\{x-6(y+z)\}$
(7) $\{(x^2+x-1)+1\}\{(x^2+x-1)-1\}=(x^2+x)(x^2+x-2)$
(8) $(x+y)(x-y)+(x+y)^2$
(9) $(x-y)z^2-(x-y)=(x-y)(z^2-1)$
(10) $x^2-(3y)^2-(x-3y)=(x+3y)(x-3y)-(x-3y)$
(11) $(a-b)\{4(a-b)^2-1\}=(a-b)\{2(a-b)+1\}\{2(a-b)-1\}$
(12) $1-x^2-2xy-y^2=1-(x^2+2xy+y^2)=1-(x+y)^2$
(13) $(x^2+x)^2-\{4(x+1)\}^2=\{(x^2+x)+4(x+1)\}\{(x^2+x)-4(x+1)\}$
　$=(x^2+5x+4)(x^2-3x-4)$
または，$x^2(x+1)^2-16(x+1)^2=(x+1)^2(x^2-16)$
(14) $(x^2+y^2-z^2)^2-(2xy)^2=\{(x^2+y^2-z^2)+2xy\}\{(x^2+y^2-z^2)-2xy\}$
　$=\{(x^2+2xy+y^2)-z^2\}\{(x^2-2xy+y^2)-z^2\}$
　$=\{(x+y)^2-z^2\}\{(x-y)^2-z^2\}$
(15) $x(x^2-5xy-6y^2)$
(16) $(x^2-16)(x^2-1)$
(17) $2a^2(a^2-3a-18)$
(18) $a^2(x-1)-b^2(x-1)=(x-1)(a^2-b^2)$
(19) $\{(x^2+2x)-3\}\{(x^2+2x)+1\}=(x^2+2x-3)(x^2+2x+1)$
(20) $\{(x^2+x)-6\}\{(x^2+x)+7\}$
(21) $\{(x+y)-2y\}\{(x+y)+y\}$
(22) $(x-2)\{(x+3)-(2x+7)\}$
(23) $t^2(t-5)-(t-5)=(t-5)(t^2-1)$
(24) $x^2(x+1)-9(x+1)=(x+1)(x^2-9)$
(25) $x^2(2x+3)-(2x+3)=(2x+3)(x^2-1)$
(26) $9s^2t^2(3st-1)-(3st-1)=(3st-1)(9s^2t^2-1)$
(27) $x^2(3x+4y)-4y^2(3x+4y)=(3x+4y)(x^2-4y^2)$
(28) $\dfrac{1}{9}(27x^3+9x^2y-3xy^2-y^3)=\dfrac{1}{9}\{9x^2(3x+y)-y^2(3x+y)\}$
　$=\dfrac{1}{9}(3x+y)(9x^2-y^2)$

4 (1) $(2a+3)(7a+1)$　　(2) $(t-1)(15t-16)$　　(3) $(t+2)(15t-8)$
(4) $(3t+4)(5t-4)$　　(5) $(2a+1)(7a+3)$　　(6) $(t-16)(15t+1)$
(7) $(2x-3)(4x+5)$　　(8) $(x-2)(9x+1)$　　(9) $(2a+1)(7a-3)$
(10) $(2x-5)(4x+3)$　　(11) $(t-2)(15t-8)$　　(12) $(2a-1)(7a+3)$
(13) $(x+5)(8x-3)$　　(14) $(3t-16)(5t-1)$　　(15) $(3x-2)(3x+1)$
(16) $(x-3)(8x+5)$　　(17) $(a+3)(14a-1)$　　(18) $(2x+5)(4x+3)$

(19) $(t-4)(15t-4)$ (20) $(3t+1)(5t+16)$ (21) $(x+3)(8x-5)$
(22) $(t+16)(15t+1)$ (23) $(3t-8)(5t-2)$ (24) $(a-1)(14a+3)$
(25) $(3t-4)(5t-4)$ (26) $(x-3)(8x-5)$ (27) $(t+8)(15t+2)$
(28) $(2x+3)(4x+5)$ (29) $(3x+2)(4x-9)$ (30) $(3t-8)(5t+2)$
(31) $(2a+3)(7a-1)$ (32) $(3t+2)(5t-8)$ (33) $(t+8)(15t-2)$
(34) $(2x+5y)(8x+7y)$ (35) $(2x-7y)(8x+5y)$ (36) $(a-5b)(3a+2b)$
(37) $(a-2b)(3a+5b)$ (38) $(a+5b)(3a+2b)$ (39) $(3s-5t)(4s+3t)$
(40) $(2x+7y)(8x-5y)$ (41) $(2x-5y)(8x+7y)$ (42) $(2x+7y)(8x+5y)$
(43) $(a-5b)(3a-2b)$ (44) $(a-2b)(3a-5b)$ (45) $(a-10b)(3a+b)$
(46) $(3x+7y)(6x+5y)$ (47) $(3x+5y)(6x+7y)$ (48) $(3x-5y)(6x+7y)$

[解説] 図の解説については省略します。

18 ●●● 3章―公式の利用

(28) $\begin{array}{c} 2 \times 3 \to 12 \\ 4 \times 5 \to \underline{10} \\ 22 \end{array}$
(29) $\begin{array}{c} 3 \times 2 \to 8 \\ 4 \times -9 \to \underline{-27} \\ -19 \end{array}$
(30) $\begin{array}{c} 3 \times -8 \to -40 \\ 5 \times 2 \to \underline{6} \\ -34 \end{array}$

(31) $\begin{array}{c} 2 \times 3 \to 21 \\ 7 \times -1 \to \underline{-2} \\ 19 \end{array}$
(32) $\begin{array}{c} 3 \times 2 \to 10 \\ 5 \times -8 \to \underline{-24} \\ -14 \end{array}$
(33) $\begin{array}{c} 1 \times 8 \to 120 \\ 15 \times -2 \to \underline{-2} \\ 118 \end{array}$

(34) $\begin{array}{c} 2 \times 5 \to 40 \\ 8 \times 7 \to \underline{14} \\ 54 \end{array}$
(35) $\begin{array}{c} 2 \times -7 \to -56 \\ 8 \times 5 \to \underline{10} \\ -46 \end{array}$
(36) $\begin{array}{c} 1 \times -5 \to -15 \\ 3 \times 2 \to \underline{2} \\ -13 \end{array}$

(37) $\begin{array}{c} 1 \times -2 \to -6 \\ 3 \times 5 \to \underline{5} \\ -1 \end{array}$
(38) $\begin{array}{c} 1 \times 5 \to 15 \\ 3 \times 2 \to \underline{2} \\ 17 \end{array}$
(39) $\begin{array}{c} 1 \times -5 \to -20 \\ 4 \times 3 \to \underline{9} \\ -11 \end{array}$

(40) $\begin{array}{c} 2 \times 7 \to 56 \\ 8 \times -5 \to \underline{-10} \\ 46 \end{array}$
(41) $\begin{array}{c} 2 \times -5 \to -40 \\ 8 \times 7 \to \underline{14} \\ -26 \end{array}$
(42) $\begin{array}{c} 2 \times 7 \to 56 \\ 8 \times 5 \to \underline{10} \\ 66 \end{array}$

(43) $\begin{array}{c} 1 \times -5 \to -15 \\ 3 \times -2 \to \underline{-2} \\ -17 \end{array}$
(44) $\begin{array}{c} 1 \times -2 \to -6 \\ 3 \times -5 \to \underline{-5} \\ -11 \end{array}$
(45) $\begin{array}{c} 1 \times -10 \to -30 \\ 3 \times 1 \to \underline{1} \\ -29 \end{array}$

(46) $\begin{array}{c} 3 \times 7 \to 42 \\ 6 \times 5 \to \underline{15} \\ 57 \end{array}$
(47) $\begin{array}{c} 3 \times 5 \to 30 \\ 6 \times 7 \to \underline{21} \\ 51 \end{array}$
(48) $\begin{array}{c} 3 \times -5 \to -30 \\ 6 \times 7 \to \underline{21} \\ -9 \end{array}$

5 (1) $y(x-2)(2x-3)$
(2) $b(2a-b)(3a+4b)$
(3) $y(2x+z)(2x+9z)$
(4) $2x(x+1)(x-1)(3x^2+2)$
(5) $(a-1)(3a+4)(a+1)(3a-2)$
(6) $(x+2)(x-2)(2x+1)(2x-1)$
(7) $(x-a)(ax+b^2)$
(8) $(ax-b)(bx+a)$

解説 (1) $y(2x^2-7x+6)$ (2) $b(6a^2+5ab-4b^2)$ (3) $y(4x^2+20xz+9z^2)$

$\begin{array}{c} 1 \times -2 \to -4 \\ 2 \times -3 \to \underline{-3} \\ -7 \end{array}$
$\begin{array}{c} 2 \times -1 \to -3 \\ 3 \times 4 \to \underline{8} \\ 5 \end{array}$
$\begin{array}{c} 2 \times 1 \to 2 \\ 2 \times 9 \to \underline{18} \\ 20 \end{array}$

(4) $2x(3x^4-x^2-2)$
$=2x(x^2-1)(3x^2+2)$
$\begin{array}{c} 1 \times -1 \to -3 \\ 3 \times 2 \to \underline{2} \\ -1 \end{array}$

(5) $\{(3a^2+a)-4\}\{(3a^2+a)-2\}$
$=(3a^2+a-4)(3a^2+a-2)$
$\begin{array}{c} 1 \times -1 \to -3 \\ 3 \times 4 \to \underline{4} \\ 1 \end{array}$
$\begin{array}{c} 1 \times 1 \to 3 \\ 3 \times -2 \to \underline{-2} \\ 1 \end{array}$

(6) $(x^2-4)(4x^2-1)$

$$1 \times \begin{matrix} -4 \longrightarrow -16 \\ -1 \longrightarrow \underline{-1} \\ -17 \end{matrix}$$
$$4$$

(7) $\begin{matrix} 1 \\ a \end{matrix} \times \begin{matrix} -a \longrightarrow -a^2 \\ b^2 \longrightarrow \underline{b^2} \\ -a^2+b^2 \end{matrix}$

(8) $\begin{matrix} a \\ b \end{matrix} \times \begin{matrix} -b \longrightarrow -b^2 \\ a \longrightarrow \underline{a^2} \\ a^2-b^2 \end{matrix}$

6 (1) $(4x+7y)(16x^2-28xy+49y^2)$
(2) $\dfrac{2}{9}(3x-2y)(9x^2+6xy+4y^2)$
(3) $2a^2(a+2b)(a^2-2ab+4b^2)$
(4) $(3a+2b)^3$
(5) $-3(x-1)^3$
(6) $\dfrac{1}{6}(2x+y)^3$
(7) $p(p-3q)^3$
(8) $(x+2y+1)(x^2-2xy+4y^2-x-2y+1)$
(9) $(2a+b+3)(4a^2-2ab+b^2-6a-3b+9)$
(10) $(3x-2y+1)(9x^2+6xy+4y^2-3x+2y+1)$
(11) $\dfrac{1}{2}(2a+2b+1)(4a^2-4ab+4b^2-2a-2b+1)$

解説 (2) $\dfrac{2}{9}(27x^3-8y^3)$
(3) $2a^2(a^3+8b^3)$
(4) $(3a)^3+(2b)^3+18ab(3a+2b)$
$=(3a+2b)\{(3a)^2-3a\cdot2b+(2b)^2\}+18ab(3a+2b)$
$=(3a+2b)\{(9a^2-6ab+4b^2)+18ab\}$
$=(3a+2b)(9a^2+12ab+4b^2)$
(5) $-3(x^3-3x^2+3x-1)=-3(x^3-3\cdot x^2\cdot1+3\cdot x\cdot1^2-1^3)$
(6) $\dfrac{1}{6}(8x^3+12x^2y+6xy^2+y^3)=\dfrac{1}{6}\{(2x)^3+3\cdot(2x)^2\cdot y+3\cdot 2x\cdot y^2+y^3\}$
(7) $p(p^3-9p^2q+27pq^2-27q^3)=p\{p^3-3\cdot p^2\cdot3q+3\cdot p\cdot(3q)^2-(3q)^3\}$
(8) $x^3+(2y)^3+1^3-3\cdot x\cdot2y\cdot1$
(9) $(2a)^3+b^3+3^3-3\cdot2a\cdot b\cdot3$
(10) $(3x)^3+(-2y)^3+1^3-3\cdot3x\cdot(-2y)\cdot1$
(11) $\dfrac{1}{2}(8a^3+8b^3-12ab+1)=\dfrac{1}{2}\{(2a)^3+(2b)^3+1^3-3\cdot2a\cdot2b\cdot1\}$

4章 公式を組み合わせた因数分解

1 (1) $(x+1)(y+1)$　　(2) $(a+c)(b+d)$　　(3) $(x-z)(y+2)$
(4) $(x+8)(y-3)$　　(5) $(a-2)(2b-3)$　　(6) $(a+1)(x-1)$
(7) $(a+b)(x-y)$　　(8) $(a-b-1)(x-1)$

解説 (1) $xy+x+y+1=(y+1)x+y+1$
(2) $ab+bc+cd+da=(b+d)a+bc+cd=(b+d)a+c(b+d)$
(3) $xy-yz+2x-2z=(x-z)y+2(x-z)$
(4) $xy-3x+8y-24=(y-3)x+8(y-3)$
(5) $2ab-3a-4b+6=(2b-3)a-2(2b-3)$
(6) $ax+x-a-1=(a+1)x-(a+1)$
(7) $ax-by+bx-ay=(a+b)x-ay-by=(a+b)x-(a+b)y$
(8) $ax-bx-a+b+1-x=(a-b-1)x-a+b+1=(a-b-1)x-(a-b-1)$

2 (1) $(a-b)(a+b+c)$　　(2) $(a-b)(a-c)$　　(3) $(a+b)(ab-bc+ca)$
(4) $(a+b)(a-b+c)$　　(5) $(x-y)(xy-yz-zx)$　　(6) $(a+b)(a-b)(b-c)$
(7) $(x-3a)(x^2+2)$　　(8) $(x+2)(x-3a-1)$

解説 (1) $a^2+ac-b^2-bc=(a-b)c+a^2-b^2=(a-b)c+(a+b)(a-b)$
(2) $a^2+bc-ab-ac=(c-a)b+a^2-ac=-(a-c)b+a(a-c)$
(3) $a^2b+a^2c-b^2c+ab^2=(a^2-b^2)c+a^2b+ab^2=(a+b)(a-b)c+ab(a+b)$
(4) $a(a+c)-b(b-c)=(a+b)c+a^2-b^2=(a+b)c+(a+b)(a-b)$
(5) $x^2(y-z)+y^2(z-x)=(y^2-x^2)z+x^2y-xy^2=(y+x)(y-x)z-xy(y-x)$
(6) $a^2b-a^2c+b^2c-b^3=(b^2-a^2)c+a^2b-b^3=-(a+b)(a-b)c+b(a+b)(a-b)$
(7) $x^3-3ax^2+2x-6a=(-3x^2-6)a+x^3+2x=-3(x^2+2)a+x(x^2+2)$
(8) $x^2-3ax+x-6a-2=(-3x-6)a+x^2+x-2=-3(x+2)a+(x-1)(x+2)$

3 (1) $(x+1)(x-2y+2)$　　(2) $(x-2z)(2x+2y-z)$
(3) $(px-1)(qx^2+px-1)$　　(4) $(a-1)(b-1)(c-1)$
(5) $(a+b)(a+b+2c)$　　(6) $(b-c)(a^2+ab+b)$
(7) $(ab+c+d)(ac-d^2)$

解説 (1) $x^2-2xy+3x-2y+2=(-2x-2)y+x^2+3x+2$
$=-2(x+1)y+(x+1)(x+2)$
(2) $2x^2+2xy-5xz-4yz+2z^2=(2x-4z)y+2x^2-5xz+2z^2$
$=2(x-2z)y+(x-2z)(2x-z)$

$\begin{array}{rcr} 1 & -2 \to & -4 \\ 2 & -1 \to & -1 \\ \hline & & -5 \end{array}$

(3) $pqx^3+(p^2-q)x^2-2px+1=(px^3-x^2)q+p^2x^2-2px+1$
$=x^2(px-1)q+(px-1)^2$
(4) $abc-ab-bc-ca+a+b+c-1=(bc-b-c+1)a-(bc-b-c+1)$
$=(a-1)(bc-b-c+1)=(a-1)\{(c-1)b-(c-1)\}$
(5) $a^2+b^2+2ab+2bc+2ca=(2a+2b)c+a^2+2ab+b^2=2(a+b)c+(a+b)^2$
(6) $a^2b+ab^2-a^2c+b^2-abc-bc=(-a^2-ab-b)c+a^2b+ab^2+b^2$
$=-(a^2+ab+b)c+b(a^2+ab+b)$
(7) $a^2bc+ac^2+acd-abd^2-cd^2-d^3=(a^2c-ad^2)b+ac^2+acd-cd^2-d^3$
$=a(ac-d^2)b+ac^2-cd^2+acd-d^3=(ac-d^2)ab+c(ac-d^2)+d(ac-d^2)$

4 (1) $(a-b-c)^2$　　(2) $(x+2y+3z)^2$　　(3) $(2a+b-c)^2$　　(4) $(x-3y+5z)^2$

解説 (1) $a^2+b^2+c^2-2ab+2bc-2ca=a^2+(-2b-2c)a+b^2+2bc+c^2$
$=a^2-2(b+c)a+(b+c)^2$

(2) $x^2+4y^2+9z^2+4xy+12yz+6zx=x^2+(4y+6z)x+4y^2+12yz+9z^2$
$=x^2+2(2y+3z)x+(2y+3z)^2$

(3) $4a^2+b^2+c^2+4ab-2bc-4ca=b^2+(4a-2c)b+4a^2-4ca+c^2$
$=b^2+2(2a-c)b+(2a-c)^2$

(4) $x^2+9y^2+25z^2-6xy-30yz+10zx=x^2+(-6y+10z)x+9y^2-30yz+25z^2$
$=x^2-2(3y-5z)x+(3y-5z)^2$

5 (1) $(a+b)(b-c)(c+a)$　　(2) $(a+b)(b+c)(c+a)$
(3) $(a-b)(b-c)(c-a)$　　(4) $-(a-b)(b-c)(c-a)$
(5) $(a+b)(b+c)(c+a)$

解説 (1) $a^2b+ab^2+b^2c-bc^2-c^2a-ca^2=(b-c)a^2+(b^2-c^2)a+b^2c-bc^2$
$=(b-c)a^2+(b+c)(b-c)a+bc(b-c)=(b-c)\{a^2+(b+c)a+bc\}$

(2) $ab^2+ac^2+bc^2+ba^2+ca^2+cb^2+2abc=(b+c)a^2+(b^2+2bc+c^2)a+bc^2+b^2c$
$=(b+c)a^2+(b+c)^2a+bc(b+c)=(b+c)\{a^2+(b+c)a+bc\}$

(3) $a(b^2-c^2)+b(c^2-a^2)+c(a^2-b^2)=(c-b)a^2+(b^2-c^2)a+bc^2-b^2c$
$=-(b-c)a^2+(b+c)(b-c)a-bc(b-c)=-(b-c)\{a^2-(b+c)a+bc\}$

(4) $ab(a-b)+bc(b-c)+ca(c-a)=-(b-c)a^2+(c^2-b^2)a+bc(b-c)$
$=-(b-c)a^2-(b+c)(b-c)a+bc(b-c)=-(b-c)\{a^2+(b+c)a-bc\}$

(5) $a(b+c)^2+b(c+a)^2+c(a+b)^2-4abc$
$=(b+c)a^2+\{(b+c)^2+2bc+2bc-4bc\}a+bc^2+b^2c$
$=(b+c)a^2+(b+c)^2a+bc(b+c)=(b+c)\{a^2+(b+c)a+bc\}$

参考 (2)の式は，(5)の式を展開したものである。

6 (1) $(x-3y-2)(x-2y+1)$　　(2) $(x+y+1)(x-y+2)$
(3) $(x+y-2)(x+y-1)$　　(4) $(x-2y+1)(2x+3y-5)$
(5) $(x-3y+2)(2x+y-3)$　　(6) $(x-2y)(x+3y-1)$

解説 (1) $x^2-5xy+6y^2-x+y-2=x^2+(-5y-1)x+6y^2+y-2$
$=x^2+(-5y-1)x+(2y-1)(3y+2)$

```
2  ╲ -1 ─→ -3        1 ╲ -(3y+2) ─→ -3y-2
3  ╱  2 ─→  4        1 ╱ -(2y-1) ─→ -2y+1
          ─           ──────────
          1            -5y-1
```

または，$x^2-5xy+6y^2-x+y-2$
$=(x-3y)(x-2y)+(-x+y)-2$

```
x-3y ╲ -2 ─→ -2x+4y
x-2y ╱  1 ─→  x-3y
              ──────
              -x+ y
```

(2) $x^2-y^2+3x+y+2=x^2+3x-(y^2-y-2)$
$=x^2+3x-(y-2)(y+1)$

```
1 ╲ -(y-2) ─→ -y+2
1 ╱  y+1  ─→  y+1
              ────
               3
```

または，$x^2-y^2+3x+y+2$
$=(x+y)(x-y)+(3x+y)+2$

```
x+y ╲ 1 ─→  x- y
x-y ╱ 2 ─→ 2x+2y
           ──────
           3x+ y
```

(3) $x^2+2xy+y^2-3x-3y+2$
$=x^2+(2y-3)x+y^2-3y+2$
$=x^2+(2y-3)x+(y-2)(y-1)$

または, $x^2+2xy+y^2-3x-3y+2$
$=(x+y)^2-3(x+y)+2$

```
1   y-2  →  y-2
 ╳
1   y-1  →  y-1
            ─────
            2y-3

x+y   -2  →  -2(x+y)
   ╳
x+y   -1  →  -(x+y)
              ──────
              -3(x+y)
```

(4) $2x^2-xy-6y^2-3x+13y-5=2x^2+(-y-3)x-(6y^2-13y+5)$
$=2x^2+(-y-3)x-(2y-1)(3y-5)$

```
2   -1  →  -3
 ╳
3   -5  →  -10
           ────
           -13

1   -(2y-1)  →  -4y+2
 ╳
2    3y-5    →   3y-5
                ──────
                -y-3
```

または, $2x^2-xy-6y^2-3x+13y-5=(x-2y)(2x+3y)+(-3x+13y)-5$

```
1   -2  →  -4
 ╳
2    3  →   3
           ───
           -1

x-2y    1   →  2x+ 3y
    ╳
2x+3y  -5   →  -5x+10y
               ───────
               -3x+13y
```

(5) $2x^2-5xy-3y^2+x+11y-6=2x^2+(-5y+1)x-(3y^2-11y+6)$
$=2x^2+(-5y+1)x-(y-3)(3y-2)$

```
1   -3  →  -9
 ╳
3   -2  →  -2
           ────
           -11

1   -(3y-2)  →  -6y+4
 ╳
2    y-3     →   y-3
                ──────
                -5y+1
```

または, $2x^2-5xy-3y^2+x+11y-6=(x-3y)(2x+y)+(x+11y)-6$

```
1   -3  →  -6
 ╳
2    1  →   1
           ────
           -5

x-3y    2   →  4x+ 2y
    ╳
2x+ y  -3   →  -3x+ 9y
               ───────
               x+11y
```

(6) $x^2+xy-6y^2-x+2y=x^2+(y-1)x-6y^2+2y$
$=x^2+(y-1)x-2y(3y-1)$

または, $x^2+xy-6y^2-x+2y$
$=(x-2y)(x+3y)-(x-2y)$

```
1   -2y    →  -2y
 ╳
1   3y-1   →  3y-1
              ─────
              y-1
```

7 (1) $(x+1)(x-1)(y+1)(y-1)$ (2) $(xy+x+y-1)(xy-x-y-1)$
(3) $(2x-7y-5z)^2$ (4) $(x-y+5z)(4x-9y+5z)$
(5) $(x^2+xy+1)(y^2+1)$ (6) $(a+b+c)(ab-c^2)$

解説 (1) $x^2y^2+1-x^2-y^2=(y^2-1)x^2-(y^2-1)=(y^2-1)(x^2-1)$

(2) $x^2y^2-x^2-y^2+1-4xy$
$=(y^2-1)x^2-4yx-(y^2-1)$
$=(y+1)(y-1)x^2-4yx-(y+1)(y-1)$

```
y+1   y-1      →  y^2-2y+1
   ╳
y-1  -(y+1)    →  -y^2-2y-1
                  ─────────
                    -4y
```

(3) $4x^2+49y^2+25z^2-28xy+70yz-20zx$
$=4x^2+(-28y-20z)x+49y^2+70yz+25z^2$
$=4x^2+(-28y-20z)x+(7y+5z)^2$

```
2   -(7y+5z)  →  -14y-10z
 ╳
2   -(7y+5z)  →  -14y-10z
                 ────────
                 -28y-20z
```

(4) $4x^2+9y^2+25z^2-13xy-50yz+25zx=4x^2+(-13y+25z)x+9y^2-50yz+25z^2$
$=4x^2+(-13y+25z)x+(y-5z)(9y-5z)$

$\begin{array}{c} 1 \\ 9 \end{array} \diagtimes \begin{array}{c} -5 \\ -5 \end{array} \longrightarrow \begin{array}{r} -45 \\ -5 \\ \hline -50 \end{array}$
$\quad \begin{array}{c} 1 \\ 4 \end{array} \diagtimes \begin{array}{c} -(y-5z) \\ -(9y-5z) \end{array} \longrightarrow \begin{array}{r} -4y+20z \\ -9y+\ 5z \\ \hline -13y+25z \end{array}$

(5) $xy^3+(x^2+1)y^2+x^2+xy+1=(y^2+1)x^2+(y^3+y)x+y^2+1$
$=(y^2+1)x^2+y(y^2+1)x+y^2+1$

(6) $a^2b+ab^2+abc-ac^2-bc^2-c^3$
$=ba^2+(b^2+bc-c^2)a-bc^2-c^3$
$=ba^2+(b^2+bc-c^2)a-c^2(b+c)$

$\begin{array}{c} 1 \\ b \end{array} \diagtimes \begin{array}{c} b+c \\ -c^2 \end{array} \longrightarrow \begin{array}{r} b^2+bc \\ -c^2 \\ \hline b^2+bc-c^2 \end{array}$

別解 (6) $a^2b+ab^2+abc-ac^2-bc^2-c^3$
$=ab(a+b+c)-c^2(a+b+c)$

8 (1) $(x-y)(y-z)(z-x)(x+y+z)$
(2) $(x-y)(y-z)(z-x)(x+y+z)$
(3) $-(a-b)(b-c)(c-a)(ab+bc+ca)$
(4) $-(x-y)(y-z)(z-x)(xy+yz+zx)$
(5) $-(a-b)(b-c)(c-a)(a^2+b^2+c^2+ab+bc+ca)$
(6) $-(a-b)(b-c)(c-a)(a^2+b^2+c^2+ab+bc+ca)$
(7) $3(x+y)(y+z)(z+x)$

解説 (1) $x(y^3-z^3)+y(z^3-x^3)+z(x^3-y^3)=(z-y)x^3+(y^3-z^3)x+yz^3-y^3z$
$=(z-y)x^3-(z-y)(z^2+zy+y^2)x+yz(z+y)(z-y)$
$=(z-y)\{x^3-(z^2+zy+y^2)x+yz(z+y)\}$
$=(z-y)\{(z-x)y^2+(z^2-xz)y+x^3-xz^2\}$
$=(z-y)\{(z-x)y^2+z(z-x)y-x(z+x)(z-x)\}$
$=(z-y)(z-x)\{y^2+zy-x(z+x)\}=(z-y)(z-x)\{(y-x)z+y^2-x^2\}$
$=(z-y)(z-x)\{(y-x)z+(y+x)(y-x)\}$

(2) $x(y-z)^3+y(z-x)^3+z(x-y)^3$
$=(z-y)x^3+\{(y-z)^3+3(-yz^2+y^2z)\}x+yz^3-y^3z$
$=(z-y)x^3+(y^3-z^3)x+yz(z^2-y^2)$
$=(z-y)x^3-(z-y)(z^2+zy+y^2)x+yz(z+y)(z-y)$
$=(z-y)\{x^3-(z^2+zy+y^2)x+yz(z+y)\}$
$=(z-y)\{(z-x)y^2+(z^2-xz)y+x^3-xz^2\}$
$=(z-y)\{(z-x)y^2+z(z-x)y-x(z+x)(z-x)\}$
$=(z-y)(z-x)\{y^2+zy-x(z+x)\}=(z-y)(z-x)\{(y-x)z+y^2-x^2\}$
$=(z-y)(z-x)\{(y-x)z+(y+x)(y-x)\}$

(3) $a^3(b^2-c^2)+b^3(c^2-a^2)+c^3(a^2-b^2)=(b^2-c^2)a^3-(b^3-c^3)a^2+b^3c^2-b^2c^3$
$=(b+c)(b-c)a^3-(b-c)(b^2+bc+c^2)a^2+b^2c^2(b-c)$
$=(b-c)\{(b+c)a^3-(b^2+bc+c^2)a^2+b^2c^2\}$
$=(b-c)\{(c^2-a^2)b^2+(a^3-a^2c)b+a^3c-a^2c^2\}$
$=(b-c)\{(c+a)(c-a)b^2-a^2(c-a)b-a^2c(c-a)\}$
$=(b-c)(c-a)\{(c+a)b^2-a^2b-a^2c\}$
$=(b-c)(c-a)\{(b^2-a^2)c+ab^2-a^2b\}$
$=(b-c)(c-a)\{(b+a)(b-a)c+ab(b-a)\}$

(4) $x^2y^2(x-y)+y^2z^2(y-z)+z^2x^2(z-x)=(y^2-z^2)x^3-(y^3-z^3)x^2+y^2z^2(y-z)$
$=(y+z)(y-z)x^3-(y-z)(y^2+yz+z^2)x^2+y^2z^2(y-z)$
$=(y-z)\{(y+z)x^3-(y^2+yz+z^2)x^2+y^2z^2\}$
$=(y-z)\{(z^2-x^2)y^2+(x^3-x^2z)y+x^3z-x^2z^2\}$
$=(y-z)\{(z+x)(z-x)y^2-x^2(z-x)y-x^2z(z-x)\}$
$=(y-z)(z-x)\{(z+x)y^2-x^2y-x^2z\}=(y-z)(z-x)\{(y^2-x^2)z+xy^2-x^2y\}$
$=(y-z)(z-x)\{(y+x)(y-x)z+xy(y-x)\}$

(5) $ab(a^3-b^3)+bc(b^3-c^3)+ca(c^3-a^3)=(b-c)a^4-(b^4-c^4)a+bc(b^3-c^3)$
$=(b-c)a^4-(b^2+c^2)(b+c)(b-c)a+bc(b-c)(b^2+bc+c^2)$
$=(b-c)\{a^4-(b^2+c^2)(b+c)a+bc(b^2+bc+c^2)\}$
$=(b-c)\{(c-a)b^3+(c^2-ca)b^2+(c^3-c^2a)b+a^4-ac^3\}$
$=(b-c)\{(c-a)b^3+c(c-a)b^2+c^2(c-a)b-a(c-a)(c^2+ca+a^2)\}$
$=(b-c)(c-a)\{b^3+cb^2+c^2b-a(c^2+ca+a^2)\}$
$=(b-c)(c-a)\{(b-a)c^2+(b^2-a^2)c+b^3-a^3\}$
$=(b-c)(c-a)\{(b-a)c^2+(b+a)(b-a)c+(b-a)(b^2+ba+a^2)\}$
$=(b-c)(c-a)(b-a)\{c^2+(b+a)c+(b^2+ba+a^2)\}$

(6) $a^4(b-c)+b^4(c-a)+c^4(a-b)$
$=(b-c)a^4-(b^4-c^4)a+bc(b^3-c^3)$
$=(b-c)a^4-(b^2+c^2)(b+c)(b-c)a+bc(b-c)(b^2+bc+c^2)$
$=(b-c)\{a^4-(b^2+c^2)(b+c)a+bc(b^2+bc+c^2)\}$
$=(b-c)\{(c-a)b^3+(c^2-ac)b^2+(c^3-ac^2)b+a^4-ac^3\}$
$=(b-c)\{(c-a)b^3+c(c-a)b^2+c^2(c-a)b-a(c-a)(c^2+ca+a^2)\}$
$=(b-c)(c-a)\{b^3+cb^2+c^2b-a(c^2+ca+a^2)\}$
$=(b-c)(c-a)\{(b-a)c^2+(b^2-a^2)c+b^3-a^3\}$
$=(b-c)(c-a)\{(b-a)c^2+(b+a)(b-a)c+(b-a)(b^2+ba+a^2)\}$
$=(b-c)(c-a)(b-a)\{c^2+(b+a)c+(b^2+ba+a^2)\}$

(7) $(x+y+z)^3-x^3-y^3-z^3$
$=\{(x+y+z)-x\}\{(x+y+z)^2+(x+y+z)x+x^2\}-(y^3+z^3)$
$=(y+z)\{(x+y+z)^2+(x+y+z)x+x^2\}-(y+z)(y^2-yz+z^2)$
$=(y+z)\{3x^2+y^2+z^2+3xy+3xz+2yz-(y^2-yz+z^2)\}$
$=(y+z)(3x^2+3xy+3xz+3yz)=3(y+z)\{(x+z)y+x(x+z)\}$

9 (1) $(x-1)(x+1)(x+2)(x+4)$　　(2) $(x-2)(x+6)(x^2+4x+10)$
(3) $(x+1)(x+5)(x^2-7x+5)$　　(4) $(x^2+8x+2)(x^2+8x+20)$
(5) $(x-2)(x+3)(x^2+x+4)$　　(6) $(x^2+5x+3)(x^2+5x+7)$
(7) $(2x^2-5x-23)(2x^2-5x-5)$　　(8) $(x-3)(x-2)(x^2+3x+6)$

解説 (1) $(x^2+3x)(x^2+3x-2)-8=(x^2+3x)^2-2(x^2+3x)-8$
$=(x^2+3x-4)(x^2+3x+2)$
(2) $(x^2+4x-5)(x^2+4x+3)-105=(x^2+4x)^2-2(x^2+4x)-15-105$
$=(x^2+4x)^2-2(x^2+4x)-120=(x^2+4x-12)(x^2+4x+10)$
(3) $(x^2-3x+5)(x^2+2x+5)-36x^2=(x^2+5-3x)(x^2+5+2x)-36x^2$
$=(x^2+5)^2-x(x^2+5)-6x^2-36x^2=(x^2+5)^2-x(x^2+5)-42x^2$
$=(x^2+5-7x)(x^2+5+6x)=(x^2-7x+5)(x^2+6x+5)$

(4) $(x+1)(x+3)(x+5)(x+7)-65=\{(x+1)(x+7)\}\{(x+3)(x+5)\}-65$
$=(x^2+8x+7)(x^2+8x+15)-65=(x^2+8x)^2+22(x^2+8x)+105-65$
$=(x^2+8x)^2+22(x^2+8x)+40=(x^2+8x+2)(x^2+8x+20)$

(5) $x(x-1)(x+1)(x+2)-24=\{x(x+1)\}\{(x-1)(x+2)\}-24$
$=(x^2+x)(x^2+x-2)-24=(x^2+x)^2-2(x^2+x)-24$
$=(x^2+x-6)(x^2+x+4)$

(6) $(x^2+3x+2)(x^2+7x+12)-3=(x+1)(x+2)(x+3)(x+4)-3$
$=\{(x+1)(x+4)\}\{(x+2)(x+3)\}-3=(x^2+5x+4)(x^2+5x+6)-3$
$=(x^2+5x)^2+10(x^2+5x)+24-3=(x^2+5x)^2+10(x^2+5x)+21$
$=(x^2+5x+3)(x^2+5x+7)$

(7) $(x^2-8x+15)(4x^2+12x+5)+40$
$=(x-3)(x-5)(2x+1)(2x+5)+40$
$=\{(x-3)(2x+1)\}\{(x-5)(2x+5)\}+40$
$=(2x^2-5x-3)(2x^2-5x-25)+40$
$=(2x^2-5x)^2-28(2x^2-5x)+75+40$
$=(2x^2-5x)^2-28(2x^2-5x)+115$
$=(2x^2-5x-23)(2x^2-5x-5)$

$\begin{array}{c} 2 \diagup 1 \longrightarrow 2 \\ 2 \diagdown 5 \longrightarrow \underline{10} \\ \hline 12 \end{array}$

(8) $(x^2+2x-3)(x^2-4x-12)+20x^2=(x-1)(x+3)(x-6)(x+2)+20x^2$
$=\{(x+2)(x+3)\}\{(x-1)(x-6)\}+20x^2=(x^2+5x+6)(x^2-7x+6)+20x^2$
$=(x^2+6+5x)(x^2+6-7x)+20x^2=(x^2+6)^2-2x(x^2+6)-35x^2+20x^2$
$=(x^2+6)^2-2x(x^2+6)-15x^2=(x^2+6-5x)(x^2+6+3x)$
$=(x^2-5x+6)(x^2+3x+6)$

別解 (4) $(x+1)(x+3)(x+5)(x+7)-65=\{(x+1)(x+7)\}\{(x+3)(x+5)\}-65$
$=(x^2+8x+7)(x^2+8x+15)-65=(x^2+8x+7)(x^2+8x+7+8)-65$
$=(x^2+8x+7)^2+8(x^2+8x+7)-65=(x^2+8x+7-5)(x^2+8x+7+13)$

(6) $(x^2+3x+2)(x^2+7x+12)-3=(x+1)(x+2)(x+3)(x+4)-3$
$=\{(x+1)(x+4)\}\{(x+2)(x+3)\}-3=(x^2+5x+4)(x^2+5x+6)-3$
$=(x^2+5x+4)(x^2+5x+4+2)-3=(x^2+5x+4)^2+2(x^2+5x+4)-3$
$=(x^2+5x+4-1)(x^2+5x+4+3)$

(7) $(x^2-8x+15)(4x^2+12x+5)+40=(x-3)(x-5)(2x+1)(2x+5)+40$
$=\{(x-3)(2x+1)\}\{(x-5)(2x+5)\}+40=(2x^2-5x-3)(2x^2-5x-25)+40$
$=(2x^2-5x-3)(2x^2-5x-3-22)+40=(2x^2-5x-3)^2-22(2x^2-5x-3)+40$
$=(2x^2-5x-3-20)(2x^2-5x-3-2)$

10 (1) $(x^2-2)(x^2+1)$ (2) $(x+1)(x-1)(x^2-3)$
(3) $(x-3)(x-2)(x+2)(x+3)$ (4) $(a+3)(a-3)(2a+1)(2a-1)$
(5) $(x+2y)(x-2y)(2x^2-3y^2)$ (6) $(x+y)(x-y)(2x+3y)(2x-3y)$
(7) $(x+2y)(x-2y)(2x+y)(2x-y)$ (8) $4(x+1)^2(x-1)^2$

解説 (2) $x^4-4x^2+3=(x^2-3)(x^2-1)$ (3) $x^4-13x^2+36=(x^2-9)(x^2-4)$
(4) $4a^4-37a^2+9$
$=(a^2-9)(4a^2-1)$

$\begin{array}{c} 1 \diagup -9 \longrightarrow -36 \\ 4 \diagdown -1 \longrightarrow \underline{-1} \\ \hline -37 \end{array}$

(5) $2x^4-11x^2y^2+12y^4$
$=(x^2-4y^2)(2x^2-3y^2)$

$\begin{array}{c} 1 \diagup -4 \longrightarrow -8 \\ 2 \diagdown -3 \longrightarrow \underline{-3} \\ \hline -11 \end{array}$

(6) $4x^4-13x^2y^2+9y^4$
$=(x^2-y^2)(4x^2-9y^2)$

$$\begin{array}{c} 1 -1 \longrightarrow -4 \\ \times \\ 4 -9 \longrightarrow \underline{-9} \\ -13 \end{array}$$

(7) $4x^4-17x^2y^2+4y^4$
$=(x^2-4y^2)(4x^2-y^2)$

$$\begin{array}{c} 1 -4 \longrightarrow -16 \\ \times \\ 4 -1 \longrightarrow \underline{-1} \\ -17 \end{array}$$

(8) $4x^4-8x^2+4=4(x^4-2x^2+1)=4(x^2-1)^2$

11 (1) $(x^2+x-1)(x^2-x-1)$ (2) $(a^2+a+3)(a^2-a+3)$
(3) $(x^2+4x-1)(x^2-4x-1)$ (4) $(p^2+3p+4)(p^2-3p+4)$
(5) $(x^2+4x+8)(x^2-4x+8)$ (6) $(2a^2+2a+1)(2a^2-2a+1)$

解説 (1) $x^4-3x^2+1=(x^2-1)^2-x^2$
(2) $a^4+5a^2+9=(a^2+3)^2-a^2$
(3) $x^4-18x^2+1=(x^2-1)^2-(4x)^2$
(4) $p^4-p^2+16=(p^2+4)^2-(3p)^2$
(5) $x^4+64=x^4+16x^2+64-16x^2=(x^2+8)^2-(4x)^2$
(6) $4a^4+1=4a^4+4a^2+1-4a^2=(2a^2+1)^2-(2a)^2$

12 (1) $(x^2+2xy-2y^2)(x^2-2xy-2y^2)$ (2) $(x^2+xy+y^2)(x^2-xy+y^2)$
(3) $(3x^2+2xy+2y^2)(3x^2-2xy+2y^2)$ (4) $\dfrac{1}{4}(18p^2+6pq+q^2)(18p^2-6pq+q^2)$

解説 (1) $x^4-8x^2y^2+4y^4=(x^2-2y^2)^2-(2xy)^2$
(2) $x^4+x^2y^2+y^4=(x^2+y^2)^2-(xy)^2$
(3) $9x^4+8x^2y^2+4y^4=(3x^2+2y^2)^2-(2xy)^2$
(4) $81p^4+\dfrac{1}{4}q^4=\dfrac{1}{4}(4\cdot 81p^4+q^4)=\dfrac{1}{4}\{(2\cdot 9p^2)^2+2\cdot 2\cdot 9p^2\cdot q^2+(q^2)^2-2\cdot 2\cdot 9p^2\cdot q^2\}$
$=\dfrac{1}{4}\{(18p^2+q^2)^2-(6pq)^2\}$

13 (1) $(x+1)(x^2+x+1)$ (2) $(x+1)(3x^2+4x+3)$
(3) $(x+1)(6x^2-7x+6)$ (4) $(x+y)(4x^2-xy+4y^2)$

解説 (1) $x^3+2x^2+2x+1=(x^3+1)+2(x^2+x)$
$=(x+1)(x^2-x+1)+2x(x+1)$
(2) $3x^3+7x^2+7x+3=3(x^3+1)+7(x^2+x)$
$=3(x+1)(x^2-x+1)+7x(x+1)$
(3) $6x^3-x^2-x+6=6(x^3+1)-(x^2+x)=6(x+1)(x^2-x+1)-x(x+1)$
(4) $4x^3+3x^2y+3xy^2+4y^3=4(x^3+y^3)+3(x^2y+xy^2)$
$=4(x+y)(x^2-xy+y^2)+3xy(x+y)$

14 (1) $(x+1)^4$ (2) $(x^2+3x+1)(5x^2+4x+5)$
(3) $(x^2-3x+1)(2x^2-x+2)$ (4) $(x+y)^2(3x^2-xy+3y^2)$

解説 (1) $x^4+4x^3+6x^2+4x+1=(x^4+1)+4(x^3+x)+6x^2$
$=(x^2+1)^2-2x^2+4x(x^2+1)+6x^2=(x^2+1)^2+4x(x^2+1)+4x^2$
$=\{(x^2+1)+2x\}^2$
(2) $5x^4+19x^3+22x^2+19x+5=5(x^4+1)+19(x^3+x)+22x^2$
$=5\{(x^2+1)^2-2x^2\}+19x(x^2+1)+22x^2$
$=5(x^2+1)^2+19x(x^2+1)+12x^2$
$=\{(x^2+1)+3x\}\{5(x^2+1)+4x\}

$$\begin{array}{c} 1 3 \longrightarrow 15 \\ \times \\ 5 4 \longrightarrow \underline{4} \\ 19 \end{array}$$

(3) $2x^4-7x^3+7x^2-7x+2=2(x^4+1)-7(x^3+x)+7x^2$
$=2\{(x^2+1)^2-2x^2\}-7x(x^2+1)+7x^2$
$=2(x^2+1)^2-7x(x^2+1)+3x^2$
$=\{(x^2+1)-3x\}\{2(x^2+1)-x\}$

```
1      -3  →  -6
 ╲╱
2   ╱╲ -1  →  -1
                ――
                -7
```

(4) $3x^4+5x^3y+4x^2y^2+5xy^3+3y^4$
$=3(x^4+y^4)+5(x^3y+xy^3)+4x^2y^2$
$=3\{(x^2+y^2)^2-2x^2y^2\}+5xy(x^2+y^2)+4x^2y^2$
$=3(x^2+y^2)^2+5xy(x^2+y^2)-2x^2y^2$
$=\{(x^2+y^2)+2xy\}\{3(x^2+y^2)-xy\}$

```
1      2   →   6
 ╲╱
3   ╱╲ -1  →  -1
                ――
                 5
```

15 (1) $(x-1)(x^2-4x+1)$　　　(2) $(x-1)(3x^2+7x+3)$
(3) $(a-b)(a-2b)(2a-b)$　　　(4) $(x^2-6x-1)(x^2+2x-1)$
(5) $\dfrac{1}{3}(x+1)(x-1)(3x^2+2x-3)$　　(6) $(x-3y)(x-2y)(2x+y)(3x+y)$

解説 (1) $x^3-5x^2+5x-1=(x^3-1)-5(x^2-x)=(x-1)(x^2+x+1)-5x(x-1)$
$=(x-1)\{(x^2+x+1)-5x\}$
(2) $3x^3+4x^2-4x-3=3(x^3-1)+4(x^2-x)=3(x-1)(x^2+x+1)+4x(x-1)$
$=(x-1)\{3(x^2+x+1)+4x\}$
(3) $2a^3-7a^2b+7ab^2-2b^3=2(a^3-b^3)-7(a^2b-ab^2)$
$=2(a-b)(a^2+ab+b^2)-7ab(a-b)$
$=(a-b)\{2(a^2+ab+b^2)-7ab\}=(a-b)(2a^2-5ab+2b^2)$

```
1      -2  →  -4
 ╲╱
2   ╱╲ -1  →  -1
                ――
                -5
```

(4) $x^4-4x^3-14x^2+4x+1=(x^4+1)-4(x^3-x)-14x^2$
$=(x^2-1)^2+2x^2-4x(x^2-1)-14x^2=(x^2-1)^2-4x(x^2-1)-12x^2$
$=\{(x^2-1)-6x\}\{(x^2-1)+2x\}$
(5) $x^4+\dfrac{2}{3}x^3-2x^2-\dfrac{2}{3}x+1=\dfrac{1}{3}(3x^4+2x^3-6x^2-2x+3)$
$=\dfrac{1}{3}\{3(x^4+1)+2(x^3-x)-6x^2\}$
$=\dfrac{1}{3}[3\{(x^2-1)^2+2x^2\}+2x(x^2-1)-6x^2]=\dfrac{1}{3}\{3(x^2-1)^2+2x(x^2-1)\}$
$=\dfrac{1}{3}(x^2-1)\{3(x^2-1)+2x\}$
(6) $6x^4-25x^3y+12x^2y^2+25xy^3+6y^4=6(x^4+y^4)-25(x^3y-xy^3)+12x^2y^2$
$=6\{(x^2-y^2)^2+2x^2y^2\}-25xy(x^2-y^2)+12x^2y^2$
$=6(x^2-y^2)^2-25xy(x^2-y^2)+24x^2y^2=\{2(x^2-y^2)-3xy\}\{3(x^2-y^2)-8xy\}$
$=(2x^2-3xy-2y^2)(3x^2-8xy-3y^2)$

```
2      -3  →   -9
 ╲╱
3   ╱╲ -8  →  -16
                 ――
                 -25
```
```
1      -2  →  -4
 ╲╱
2   ╱╲  1  →   1
                ――
                -3
```
```
1      -3  →  -9
 ╲╱
3   ╱╲  1  →   1
                ――
                -8
```

1 (1) $(2a+b)(2a-b)(3b-2c)$　　(2) $(x+1)(x-3a+2)$
(3) $(b-c)(a-b+c)$　　　　　　 (4) $(a-b)(a-b+2c)$
(5) $(b-c)(a^2+ab+2b^2)$　　　　(6) $(a-1)(2b-1)(2c-1)$
(7) $(x+2a-3)(y-b+1)$　　　　 (8) $(x-2z)(3x+2y-z)$
(9) $(3x-y-z)^2$　　　　　　　 (10) $-(a-2b)(2b-c)(c-a)$

(11) $(x+2)(3x-2y-6)$ (12) $(x+y+2)(y+z+3)$
(13) $(x-w)(x-y+z)$ (14) $(ab-c)(ac-b+d)$
(15) $(x+y)(x-2y+3z)$

解説 (1) $12a^2b-8a^2c+2b^2c-3b^3=(2b^2-8a^2)c+12a^2b-3b^3$
$=-2(4a^2-b^2)c+3b(4a^2-b^2)=(4a^2-b^2)(-2c+3b)$
(2) $x^2-3ax+3x-3a+2=(-3x-3)a+x^2+3x+2$
$=-3(x+1)a+(x+1)(x+2)$
(3) $ab-ac-b^2+2bc-c^2=(b-c)a-(b^2-2bc+c^2)=(b-c)a-(b-c)^2$
(4) $a^2+b^2-2ab-2bc+2ca=(2a-2b)c+a^2-2ab+b^2=2(a-b)c+(a-b)^2$
(5) $a^2b+ab^2-a^2c+2b^3-abc-2b^2c=(-a^2-ab-2b^2)c+a^2b+ab^2+2b^3$
$=-(a^2+ab+2b^2)c+(a^2+ab+2b^2)b$
(6) $4abc-4bc-2ca-2ab+a+2b+2c-1$
$=(4bc-2c-2b+1)a-(4bc-2b-2c+1)$
$=(4bc-2b-2c+1)(a-1)=\{2(2c-1)b-(2c-1)\}(a-1)$
(7) $xy+x-3y-bx+2ay+2a+3b-2ab-3$
$=(y+1-b)x-3y+2ay+2a+3b-2ab-3$
$=(y+1-b)x+2a(y+1-b)-3(y+1-b)$
(8) $3x^2+2xy-7xz-4yz+2z^2=(2x-4z)y+3x^2-7xz+2z^2$
$=2(x-2z)y+(x-2z)(3x-z)$
(9) $9x^2+y^2+z^2-6xy+2yz-6zx$
$=y^2+(-6x+2z)y+9x^2-6xz+z^2$
$=y^2-2(3x-z)y+(3x-z)^2$
(10) $a^2(2b-c)+4b^2(c-a)+c^2(a-2b)$
$=(2b-c)a^2-(4b^2-c^2)a+4b^2c-2bc^2$
$=(2b-c)a^2-(2b+c)(2b-c)a+2bc(2b-c)$
$=(2b-c)\{a^2-(2b+c)a+2bc\}$
(11) $3(x-2)^2+(12-2y)(x-2)-8y=-2y(x+2)+3x^2-12$
$=-2y(x+2)+3(x+2)(x-2)$
(12) $xy+xz+y^2+yz+3x+5y+2z+6=(x+y+2)z+xy+3x+y^2+5y+6$
$=(x+y+2)z+x(y+3)+(y+2)(y+3)=(x+y+2)z+(x+y+2)(y+3)$
(13) $x^2-xy+zx-wx+wy-wz=(x-w)z+x^2-xy-wx+wy$
$=(x-w)z+x^2-wx-xy+wy=(x-w)z+x(x-w)-y(x-w)$
(14) $a^2bc-ab^2-ac^2+abd+bc-cd=(ab-c)d+a^2bc-ab^2-ac^2+bc$
$=(ab-c)d+a^2bc-ac^2-ab^2+bc=(ab-c)d+ac(ab-c)-b(ab-c)$
(15) $x^2-y^2-(y^2+xy)+3(yz+zx)=3(x+y)z+x^2-xy-2y^2$
$=3(x+y)z+(x+y)(x-2y)$

$$\begin{array}{c}1 \diagup -2 \longrightarrow -6 \\ 3 \diagdown -1 \longrightarrow \underline{-1} \\ -7\end{array}$$

2 (1) $(x-3y+5)(2x+y-2)$ (2) $(x-4y-2)(x-3y+1)$
(3) $(x+y+3)(x-y-2)$ (4) $(a+2b)(a+3b-1)$
(5) $(x+2y-1)(x-y+1)$ (6) $(x-y-3)(x-y+1)$
(7) $(x-2y-5)(2x+3y-4)$ (8) $(2x+y+4)(3x+y-5)$
(9) $(2x-2y+1)(3x+2y-1)$ (10) $(2x-3y+1)(3x+y-2)$
(11) $(2x+y-1)(3x+2y+2)$ (12) $(x+3y-2)(2x-y+5)$
(13) $(x-5y+2)(2x+y-1)$ (14) $(x+2y-4)(3x+5y+2)$
(15) $(2x-3y+2)(3x+y-1)$ (16) $(x-2y+3)(4x-5y+6)$

(17) $(2x+3y+4)(4x-5y-6)$ (18) $(4x-6y+9)(6x+9y-10)$
(19) $(3x-7y-1)(6x+5y+6)$

解説 (1) $2x^2-5xy-3y^2+8x+11y-10=2x^2+(-5y+8)x-(3y^2-11y+10)$
$=2x^2+(-5y+8)x-(y-2)(3y-5)$

$$\begin{array}{cccc} 1 & -2 & \to & -6 \\ 3 & -5 & \to & \underline{-5} \\ & & & -11 \end{array} \qquad \begin{array}{cccc} 1 & -(3y-5) & \to & -6y+10 \\ 2 & y-2 & \to & \underline{y-2} \\ & & & -5y+8 \end{array}$$

(2) $x^2-7xy+12y^2-x+2y-2$
$=(x-4y)(x-3y)+(-x+2y)-2$

$$\begin{array}{cccc} x-4y & -2 & \to & -2x+6y \\ x-3y & 1 & \to & \underline{x-4y} \\ & & & -x+2y \end{array}$$

(3) $x^2-y^2+x-5y-6$
$=(x+y)(x-y)+(x-5y)-6$

$$\begin{array}{cccc} x+y & 3 & \to & 3x-3y \\ x-y & -2 & \to & \underline{-2x-2y} \\ & & & x-5y \end{array}$$

(4) $a^2+5ab+6b^2-a-2b=(a+2b)(a+3b)-(a+2b)$

(5) $(x+2y)(x-y)+3y-1$

$$\begin{array}{cccc} x+2y & -1 & \to & -x+y \\ x-y & 1 & \to & \underline{x+2y} \\ & & & 3y \end{array}$$

(6) $x^2-2xy+y^2-2x+2y-3=(x-y)^2-2(x-y)-3$

(7) $2x^2-xy-6y^2-14x-7y+20=2x^2+(-y-14)x-(6y^2+7y-20)$
$=2x^2+(-y-14)x-(2y+5)(3y-4)$

$$\begin{array}{cccc} 2 & 5 & \to & 15 \\ 3 & -4 & \to & \underline{-8} \\ & & & 7 \end{array} \qquad \begin{array}{cccc} 1 & -(2y+5) & \to & -4y-10 \\ 2 & 3y-4 & \to & \underline{3y-4} \\ & & & -y-14 \end{array}$$

(8) $6x^2+5xy+y^2+2x-y-20=(2x+y)(3x+y)+(2x-y)-20$

$$\begin{array}{cccc} 2 & 1 & \to & 3 \\ 3 & 1 & \to & \underline{2} \\ & & & 5 \end{array} \qquad \begin{array}{cccc} 2x+y & 4 & \to & 12x+4y \\ 3x+y & -5 & \to & \underline{-10x-5y} \\ & & & 2x-y \end{array}$$

(9) $6x^2-4y^2-2xy+x+4y-1$
$=6x^2+(-2y+1)x-(4y^2-4y+1)$
$=6x^2+(-2y+1)x-(2y-1)^2$

$$\begin{array}{cccc} 2 & -(2y-1) & \to & -6y+3 \\ 3 & 2y-1 & \to & \underline{4y-2} \\ & & & -2y+1 \end{array}$$

(10) $6x^2-7xy-3y^2-x+7y-2$
$=(2x-3y)(3x+y)+(-x+7y)-2$

$$\begin{array}{cccc} 2 & -3 & \to & -9 \\ 3 & 1 & \to & \underline{2} \\ & & & -7 \end{array} \qquad \begin{array}{cccc} 2x-3y & 1 & \to & 3x+y \\ 3x+y & -2 & \to & \underline{-4x+6y} \\ & & & -x+7y \end{array}$$

(11) $6x^2+7xy+2y^2+x-2=(2x+y)(3x+2y)+x-2$

$$\begin{array}{cccc} 2 & 1 & \to & 3 \\ 3 & 2 & \to & \underline{4} \\ & & & 7 \end{array} \qquad \begin{array}{cccc} 2x+y & -1 & \to & -3x-2y \\ 3x+2y & 2 & \to & \underline{4x+2y} \\ & & & x \end{array}$$

(12) $2x^2+5xy-3y^2+x+17y-10 = (x+3y)(2x-y)+(x+17y)-10$

$\begin{array}{ccc} 1 & 3 & 6 \\ 2 & -1 & -1 \\ & & 5 \end{array}\times$
$\begin{array}{c} x+3y \\ 2x-y \end{array}\times\begin{array}{cc} -2 & -4x+2y \\ 5 & 5x+15y \\ \hline & x+17y \end{array}$

(13) $2x^2-9xy-5y^2+3x+7y-2 = (x-5y)(2x+y)+(3x+7y)-2$

$\begin{array}{ccc} 1 & -5 & -10 \\ 2 & 1 & 1 \\ & & -9 \end{array}\times$
$\begin{array}{c} x-5y \\ 2x+y \end{array}\times\begin{array}{cc} 2 & 4x+2y \\ -1 & -x+5y \\ \hline & 3x+7y \end{array}$

(14) $3x^2+11xy+10y^2-10x-16y-8 = (x+2y)(3x+5y)+(-10x-16y)-8$

$\begin{array}{ccc} 1 & 2 & 6 \\ 3 & 5 & 5 \\ & & 11 \end{array}\times$
$\begin{array}{c} x+2y \\ 3x+5y \end{array}\times\begin{array}{cc} -4 & -12x-20y \\ 2 & 2x+4y \\ \hline & -10x-16y \end{array}$

(15) $6x^2-7xy-3y^2+4x+5y-2 = (2x-3y)(3x+y)+(4x+5y)-2$

$\begin{array}{ccc} 2 & -3 & -9 \\ 3 & 1 & 2 \\ & & -7 \end{array}\times$
$\begin{array}{c} 2x-3y \\ 3x+y \end{array}\times\begin{array}{cc} 2 & 6x+2y \\ -1 & -2x+3y \\ \hline & 4x+5y \end{array}$

(16) $4x^2-13xy+10y^2+18x-27y+18 = (x-2y)(4x-5y)+(18x-27y)+18$

$\begin{array}{ccc} 1 & -2 & -8 \\ 4 & -5 & -5 \\ & & -13 \end{array}\times$
$\begin{array}{c} x-2y \\ 4x-5y \end{array}\times\begin{array}{cc} 3 & 12x-15y \\ 6 & 6x-12y \\ \hline & 18x-27y \end{array}$

(17) $8x^2+2xy-15y^2+4x-38y-24 = (2x+3y)(4x-5y)+(4x-38y)-24$

$\begin{array}{ccc} 2 & 3 & 12 \\ 4 & -5 & -10 \\ & & 2 \end{array}\times$
$\begin{array}{c} 2x+3y \\ 4x-5y \end{array}\times\begin{array}{cc} 4 & 16x-20y \\ -6 & -12x-18y \\ \hline & 4x-38y \end{array}$

(18) $24x^2-54y^2+14x+141y-90$
$= 6(4x^2-9y^2)+14x+141y-90$
$= 6(2x+3y)(2x-3y)+(14x+141y)-90$

$\begin{array}{c} 4x-6y \\ 6x+9y \end{array}\times\begin{array}{cc} 9 & 54x+81y \\ -10 & -40x+60y \\ \hline & 14x+141y \end{array}$

(19) $18x^2-27xy-35y^2+12x-47y-6 = (3x-7y)(6x+5y)+(12x-47y)-6$

$\begin{array}{ccc} 3 & -7 & -42 \\ 6 & 5 & 15 \\ & & -27 \end{array}\times$
$\begin{array}{c} 3x-7y \\ 6x+5y \end{array}\times\begin{array}{cc} -1 & -6x-5y \\ 6 & 18x-42y \\ \hline & 12x-47y \end{array}$

3 (1) $(x-a-2)(ax+1)$ (2) $(x+2)(y-1)(x+2y-1)$
(3) $(xy+2x+y-2)(xy-2x-y-2)$ (4) $-(y+1)(y-1)(x^2-xy-1)$
(5) $-(a-b)(b+c)(c-a)$ (6) $(a+b)(b+c)(c-a)$
(7) $(a+b)(b+c)(c+a)$ (8) $(xy+x+1)(xy+y+1)$
(9) $(x-1)(y-1)(x+y+1)$ (10) $(a-b+c)(ab+bc-ca)$
(11) $(a-b)(b+c)(c-a)$ (12) $(x-1)(y-1)(x-y)$

(13) $(4x+3)(x+y)(2x+y)$

解説 (1) $ax^2-(a^2+2a-1)x-a-2$
$=ax^2+(-a^2-2a+1)x-(a+2)$

$$\begin{array}{ccc} 1 & -(a+2) & \to & -a^2-2a \\ a & 1 & \to & 1 \\ \hline & & & -a^2-2a+1 \end{array}$$

(2) $x^2y+2xy^2-x^2+4y^2-xy-x-6y+2=(y-1)x^2+(2y^2-y-1)x+4y^2-6y+2$
$=(y-1)x^2+(y-1)(2y+1)x+2(y-1)(2y-1)$
$=(y-1)\{x^2+(2y+1)x+2(2y-1)\}=(y-1)\{2(x+2)y+x^2+x-2\}$
$=(y-1)\{2(x+2)y+(x-1)(x+2)\}$

(3) $(x^2-1)(y^2-4)-8xy$
$=(y+2)(y-2)x^2-8yx-(y+2)(y-2)$

$$\begin{array}{ccc} y+2 & y-2 & \to & y^2-4y+4 \\ y-2 & -(y+2) & \to & -y^2-4y-4 \\ \hline & & & -8y \end{array}$$

(4) $xy^3-(x^2-1)y^2-xy+x^2-1$
$=-(y^2-1)x^2+(y^3-y)x+y^2-1$
$=-(y+1)(y-1)x^2+y(y+1)(y-1)x+(y+1)(y-1)$

(5) $a^2b-ab^2+b^2c+bc^2-c^2a+ca^2-2abc=(b+c)a^2-(b^2+2bc+c^2)a+b^2c+bc^2$
$=(b+c)a^2-(b+c)^2a+bc(b+c)=(b+c)\{a^2-(b+c)a+bc\}$

(6) $bc(b+c)+ca(c-a)-ab(a+b)=(-b-c)a^2-(b^2-c^2)a+bc(b+c)$
$=-(b+c)a^2-(b+c)(b-c)a+bc(b+c)=-(b+c)\{a^2+(b-c)a-bc\}$

(7) $(a+b+c)(ab+bc+ca)-abc=(a+b+c)\{(b+c)a+bc\}-abc$
$=(b+c)a^2+\{(b+c)^2+bc-bc\}a+bc(b+c)=(b+c)\{a^2+(b+c)a+bc\}$

(8) $(x+1)(y+1)(xy+1)+xy$
$=(y+1)(yx^2+yx+x+1)+xy$
$=y(y+1)x^2+\{(y+1)^2+y\}x+(y+1)$
$=\{yx+(y+1)\}\{(y+1)x+1\}$

$$\begin{array}{ccc} y & y+1 & \to & (y+1)^2 \\ y+1 & 1 & \to & y \\ \hline & & & (y+1)^2+y \end{array}$$

(9) $x^2y+xy^2-x^2-xy-y^2+1=(y-1)x^2+(y^2-y)x-(y^2-1)$
$=(y-1)x^2+y(y-1)x-(y+1)(y-1)=(y-1)(x^2+yx-y-1)$
$=(y-1)\{(x-1)y+x^2-1\}=(y-1)\{(x-1)y+(x+1)(x-1)\}$

(10) $(a-b)(b-c)(c+a)+abc$
$=(b-c)\{a^2-(b-c)a-bc\}+abc$
$=(b-c)a^2+\{-(b-c)^2+bc\}a-bc(b-c)$
$=\{a-(b-c)\}\{(b-c)a+bc\}$

$$\begin{array}{ccc} 1 & -(b-c) & \to & -(b-c)^2 \\ b-c & bc & \to & bc \\ \hline & & & -(b-c)^2+bc \end{array}$$

(11) $a(b+c)^2-b(c-a)^2-c(a-b)^2-4abc=(-b-c)a^2+(b+c)^2a-b^2c-bc^2$
$=-(b+c)a^2+(b+c)^2a-bc(b+c)=-(b+c)\{a^2-(b+c)a+bc\}$

(12) $x^2(y-1)+y^2(1-x)+x-y=(y-1)x^2+(-y^2+1)x+y^2-y$
$=(y-1)x^2-(y+1)(y-1)x+y(y-1)=(y-1)\{x^2-(y+1)x+y\}$
$=(y-1)(x^2-x-xy+y)=(y-1)\{x(x-1)-y(x-1)\}$

(13) $8x^3+12x^2y+4xy^2+6x^2+9xy+3y^2=(4x+3)y^2+(12x^2+9x)y+8x^3+6x^2$
$=(4x+3)y^2+3(4x+3)xy+2x^2(4x+3)=(4x+3)(y^2+3xy+2x^2)$

4 (1) $(x^2+3x-8)(x^2+3x+3)$ (2) $(x-5)^2(x+3)^2$
(3) $(x^2+2x+2)(x^2+4x+2)$ (4) $(t^2+9t+19)^2$
(5) $(x-3)(x+5)(x^2+2x+4)$ (6) $(x-6)(x-2)(x^2-8x+10)$
(7) $(a^2-4a-2)(a^2-4a+6)$ (8) $(x^2+4x+6)(x^2+8x+6)$
(9) $(2x+5y-5)(2x+5y+13)$ (10) $(x-5y+2z)(x+3y+2z)$
(11) $(x+3y)(x+3y+1)(x+3y+5)$

解説 (1) $(x^2+3x-2)(x^2+3x-3)-30=(x^2+3x)^2-5(x^2+3x)+6-30$
$=(x^2+3x)^2-5(x^2+3x)-24$
(2) $(x^2-2x-16)(x^2-2x-14)+1=(x^2-2x-14-2)(x^2-2x-14)+1$
$=(x^2-2x-14)^2-2(x^2-2x-14)+1=(x^2-2x-14-1)^2$
(3) $(x^2+x+2)(x^2+5x+2)+3x^2=(x^2+x+2)(x^2+x+2+4x)+3x^2$
$=(x^2+x+2)^2+4x(x^2+x+2)+3x^2=\{(x^2+x+2)+x\}\{(x^2+x+2)+3x\}$
(4) $(t+3)(t+4)(t+5)(t+6)+1=\{(t+3)(t+6)\}\{(t+4)(t+5)\}+1$
$=(t^2+9t+18)(t^2+9t+20)+1=(t^2+9t)^2+38(t^2+9t)+360+1$
$=(t^2+9t)^2+38(t^2+9t)+361=(t^2+9t)^2+2\cdot19\cdot(t^2+9t)+19^2$
(5) $(x-1)(x-2)(x+3)(x+4)-84=\{(x-1)(x+3)\}\{(x-2)(x+4)\}-84$
$=(x^2+2x-3)(x^2+2x-8)-84=(x^2+2x)^2-11(x^2+2x)+24-84$
$=(x^2+2x)^2-11(x^2+2x)-60=(x^2+2x-15)(x^2+2x+4)$
(6) $(x-1)(x-3)(x-5)(x-7)+15=\{(x-1)(x-7)\}\{(x-3)(x-5)\}+15$
$=(x^2-8x+7)(x^2-8x+15)+15=(x^2-8x+7)(x^2-8x+7+8)+15$
$=(x^2-8x+7)^2+8(x^2-8x+7)+15=(x^2-8x+7+3)(x^2-8x+7+5)$
$=(x^2-8x+10)(x^2-8x+12)$
(7) $a(a-2)^2(a-4)-12=\{a(a-4)\}(a-2)^2-12=(a^2-4a)(a^2-4a+4)-12$
$=(a^2-4a)^2+4(a^2-4a)-12$
(8) $(x+1)(x+2)(x+3)(x+6)-3x^2=\{(x+2)(x+3)\}\{(x+1)(x+6)\}-3x^2$
$=(x^2+5x+6)(x^2+7x+6)-3x^2=(x^2+6+5x)(x^2+6+7x)-3x^2$
$=(x^2+6)^2+12(x^2+6)x+35x^2-3x^2=(x^2+6)^2+12(x^2+6)x+32x^2$
$=(x^2+6+4x)(x^2+6+8x)$
(9) $(2x+5y)(2x+5y+8)-65=(2x+5y)^2+8(2x+5y)-65$
(10) $(x+2y+2z)(x-4y+2z)-7y^2=(x+2z+2y)(x+2z-4y)-7y^2$
$=(x+2z)^2-2y(x+2z)-8y^2-7y^2=(x+2z)^2-2y(x+2z)-15y^2$
$=(x+2z-5y)(x+2z+3y)$
(11) $x+3y=X$ とおくと,$(x+3y-1)(x+3y+3)(x+3y+4)+12$
$=(X-1)(X+3)(X+4)+12=X^3+6X^2+5X=X(X+1)(X+5)$
別解 (1) $(x^2+3x-2)(x^2+3x-3)-30=(x^2+3x-2)(x^2+3x-2-1)-30$
$=(x^2+3x-2)^2-(x^2+3x-2)-30=(x^2+3x-2-6)(x^2+3x-2+5)$
(4) $(t+3)(t+4)(t+5)(t+6)+1=\{(t+3)(t+6)\}\{(t+4)(t+5)\}+1$
$=(t^2+9t+18)(t^2+9t+20)+1=(t^2+9t+18)(t^2+9t+18+2)+1$
$=(t^2+9t+18)^2+2(t^2+9t+18)+1=(t^2+9t+18+1)^2$
(8) $(x+1)(x+2)(x+3)(x+6)-3x^2=\{(x+2)(x+3)\}\{(x+1)(x+6)\}-3x^2$
$=(x^2+5x+6)(x^2+7x+6)-3x^2=(x^2+5x+6)(x^2+5x+6+2x)-3x^2$
$=(x^2+5x+6)^2+2x(x^2+5x+6)-3x^2=(x^2+5x+6-x)(x^2+5x+6+3x)$

5 (1) $(x+1)(x-1)(x+3)(x-3)$ (2) $(2x^2+2x-1)(2x^2-2x-1)$
(3) $(x^2+x+2)(x^2-x+2)$ (4) $(x^2+xy+3y^2)(x^2-xy+3y^2)$
(5) $(a^2+6a-1)(a^2-6a-1)$ (6) $(x^2+xyz+y^2z^2)(x^2-xyz+y^2z^2)$
(7) $(3x^2+2xy-4y^2)(3x^2-2xy-4y^2)$ (8) $(2x^2+3xy+4y^2)(2x^2-3xy+4y^2)$

解説 (1) $x^4-10x^2+9=(x^2-1)(x^2-9)$
(2) $4x^4-8x^2+1=4x^4-4x^2+1-4x^2=(2x^2-1)^2-(2x)^2$
(3) $x^4+3x^2+4=x^4+4x^2+4-x^2=(x^2+2)^2-x^2$
(4) $x^4+5x^2y^2+9y^4=x^4+6x^2y^2+9y^4-x^2y^2=(x^2+3y^2)^2-(xy)^2$

(5) $a^4-38a^2+1=a^4-2a^2+1-36a^2=(a^2-1)^2-(6a)^2$

(6) $x^4+x^2y^2z^2+y^4z^2=x^4+2x^2y^2z^2+y^4z^2-x^2y^2z^2$
$=(x^2+y^2z^2)^2-(xyz)^2$

(7) $9x^4-28x^2y^2+16y^4=9x^4-24x^2y^2+16y^4-4x^2y^2$
$=(3x^2-4y^2)^2-(2xy)^2$

(8) $4x^4+7x^2y^2+16y^4=4x^4+16x^2y^2+16y^4-9x^2y^2$
$=4(x^2+2y^2)^2-9(xy)^2$

6 (1) $(x+y)(8x^2-3xy+8y^2)$ (2) $(a-b)(5a^2-2ab+5b^2)$
(3) $(x^2+3xy+y^2)(3x^2+xy+3y^2)$ (4) $(a^2-5ab+b^2)(2a^2+ab+2b^2)$

解説 (1) $8x^3+5x^2y+5xy^2+8y^3=8(x^3+y^3)+5(x^2y+xy^2)$
$=8(x+y)(x^2-xy+y^2)+5xy(x+y)=(x+y)\{8(x^2-xy+y^2)+5xy\}$

(2) $5a^3-7a^2b+7ab^2-5b^3=5(a^3-b^3)-7(a^2b-ab^2)$
$=5(a-b)(a^2+ab+b^2)-7ab(a-b)$
$=(a-b)\{5(a^2+ab+b^2)-7ab\}$

(3) $3x^4+10x^3y+9x^2y^2+10xy^3+3y^4$
$=3(x^4+y^4)+10(x^3y+xy^3)+9x^2y^2$
$=3(x^2+y^2)^2-6x^2y^2+10(x^2+y^2)xy+9x^2y^2$
$=3(x^2+y^2)^2+10(x^2+y^2)xy+3x^2y^2$
$=\{(x^2+y^2)+3xy\}\{3(x^2+y^2)+xy\}$

(4) $2a^4-9a^3b-a^2b^2-9ab^3+2b^4$
$=2(a^4+b^4)-9(a^3b+ab^3)-a^2b^2$
$=2(a^2+b^2)^2-4a^2b^2-9(a^2+b^2)ab-a^2b^2$
$=2(a^2+b^2)^2-9(a^2+b^2)ab-5a^2b^2$
$=\{(a^2+b^2)-5ab\}\{2(a^2+b^2)+ab\}$

7 (1) $(a+b)(a-b)(c+d)(c-d)$ (2) $(x+y+z)(x^2-xy+y^2)$
(3) $(a+b)(a-b)(a^2-ab+b^2)(a^2+ab+b^2)$
(4) $(2a+c)(3a-4c)(b-c)$ (5) $(x-y)(x+y+1)(x+y+2)$
(6) $(a+b)(ab-1)$ (7) $(a+b+c)(abc-1)$
(8) $(a-b)(a+b+c)(a+b-c)$ (9) $(a-b)(a+b)^2(a^2-ab+b^2)$
(10) $(a+b+c)^2$ (11) $(x+1)(x-1)(y+1)(x+y)$
(12) $(a-b)(b+c)(c+a)(a+b-c)$ (13) $3(x-y)(y-z)(x-2y+z)$
(14) $(a+b+c)(a+b-c)(a-b+c)(a-b-c)$
(15) $-\dfrac{1}{6}(a-b)^3$

解説 (1) $(ac+bd)^2-(ad+bc)^2=\{(ac+bd)+(ad+bc)\}\{(ac+bd)-(ad+bc)\}$
$=\{a(c+d)+b(c+d)\}\{a(c-d)-b(c-d)\}$

(2) $x^3+y^3+x^2z+y^2z-xyz=(x^2+y^2-xy)z+x^3+y^3$
$=(x^2-xy+y^2)z+(x+y)(x^2-xy+y^2)$

(3) $a^6-b^6=(a^3)^2-(b^3)^2=(a^3+b^3)(a^3-b^3)$
$=(a+b)(a^2-ab+b^2)(a-b)(a^2+ab+b^2)$

(4) $6a^2b-5abc-6a^2c+5ac^2-4bc^2+4c^3$
$=(6a^2-5ac-4c^2)b-6a^2c+5ac^2+4c^3$
$=(6a^2-5ac-4c^2)b-(6a^2-5ac+4c^2)c$
$=(b-c)(6a^2-5ac-4c^2)$

(5) $x(x+1)(x+2)-y(y+1)(y+2)+xy(x-y)$
$=(x^3+3x^2+2x)-(y^3+3y^2+2y)+xy(x-y)$
$=(x^3-y^3)+3(x^2-y^2)+2(x-y)+xy(x-y)$
$=(x-y)(x^2+xy+y^2)+3(x+y)(x-y)+2(x-y)+xy(x-y)$
$=(x-y)\{(x^2+xy+y^2)+3(x+y)+2+xy\}$
$=(x-y)\{(x^2+2xy+y^2)+3(x+y)+2\}$
$=(x-y)\{(x+y)^2+3(x+y)+2\}$

(6) $(a+b-1)(ab+a+b)+ab-(a+b)^2$
$=ab(a+b-1)+(a+b)(a+b-1)+ab-(a+b)^2$
$=ab(a+b)-ab+(a+b)^2-(a+b)+ab-(a+b)^2=ab(a+b)-(a+b)$

(7) $(a+b+c-1)(abc+a+b+c)+abc-(a+b+c)^2$
$=abc(a+b+c-1)+(a+b+c)(a+b+c-1)+abc-(a+b+c)^2$
$=abc(a+b+c)-abc+(a+b+c)^2-(a+b+c)+abc-(a+b+c)^2$
$=abc(a+b+c)-(a+b+c)$

(8) $a^3+a^2b-a(c^2+b^2)+bc^2-b^3=(b-a)c^2+a^3-b^3+a^2b-ab^2$
$=-(a-b)c^2+(a-b)(a^2+ab+b^2)+ab(a-b)$
$=(a-b)\{-c^2+(a^2+ab+b^2)+ab\}=(a-b)\{(a^2+2ab+b^2)-c^2\}$
$=(a-b)\{(a+b)^2-c^2\}$

(9) $a^5-a^2b^2(a-b)-b^5=a^5-a^3b^2+a^2b^3-b^5=a^3(a^2-b^2)+b^3(a^2-b^2)$
$=(a^2-b^2)(a^3+b^3)=(a+b)(a-b)(a+b)(a^2-ab+b^2)$

(10) $a^3+3a^2b+3ab^2+b^3+2ca^2+4abc+2cb^2+ac^2+bc^2$
$=(a+b)c^2+2(a^2+2ab+b^2)c+a^3+3a^2b+3ab^2+b^3$
$=(a+b)c^2+2(a+b)^2c+(a+b)^3=(a+b)\{c^2+2(a+b)c+(a+b)^2\}$
$=(a+b)(c+a+b)^2$

(11) $x^3y+x^2y^2+x^3+x^2y-xy-y^2-x-y=(x^2-1)y^2+(x^3+x^2-x-1)y+x^3-x$
$=(x^2-1)y^2+(x^3-x+x^2-1)y+x(x^2-1)$
$=(x^2-1)y^2+\{x(x^2-1)+(x^2-1)\}y+x(x^2-1)=(x^2-1)\{y^2+(x+1)y+x\}$
$=(x+1)(x-1)\{(y+1)x+y^2+y\}=(x+1)(x-1)\{(y+1)x+y(y+1)\}$

(12) $a^3(b+c)-b^3(c+a)-c^3(a-b)=(b+c)a^3-(b^3+c^3)a-b^3c+bc^3$
$=(b+c)a^3-(b+c)(b^2-bc+c^2)a-bc(b+c)(b-c)$
$=(b+c)\{a^3-(b^2-bc+c^2)a-bc(b-c)\}$
$=(b+c)\{(-a-c)b^2+(ac+c^2)b+a^3-ac^2\}$
$=(b+c)\{-(a+c)b^2+c(a+c)b+a(a+c)(a-c)\}$
$=(b+c)(a+c)\{-b^2+cb+a(a-c)\}=(b+c)(a+c)\{(b-a)c-b^2+a^2\}$
$=(b+c)(a+c)\{(b-a)c-(b+a)(b-a)\}=(b+c)(a+c)(b-a)(c-b-a)$

(13) $(x-y)^3+(z-y)^3+(-x+2y-z)^3$
$=\{(x-y)+(z-y)\}\{(x-y)^2-(x-y)(z-y)+(z-y)^2\}-(x-2y+z)^3$
$=(x-2y+z)\{(x-y)^2-(x-y)(z-y)+(z-y)^2\}-(x-2y+z)^3$
$=(x-2y+z)\{(x-y)^2-(x-y)(z-y)+(z-y)^2-(x-2y+z)^2\}$
$=(x-2y+z)\{3yz-3z)x-3y^2+3yz\}=(x-2y+z)\{3(y-z)x-3y(y-z)\}$

(14) $a^4+b^4+c^4-2a^2b^2-2b^2c^2-2c^2a^2=a^4-2(b^2+c^2)a^2+b^4+c^4-2b^2c^2$
$=a^4-2(b^2+c^2)a^2+(b^2+c^2)^2-4b^2c^2=\{a^2-(b^2+c^2)\}^2-(2bc)^2$
$=\{a^2-(b^2+c^2)+2bc\}\{a^2-(b^2+c^2)-2bc\}=\{a^2-(b-c)^2\}\{a^2-(b+c)^2\}$
$=(a+b-c)(a-b+c)(a+b+c)(a-b-c)$

(15) $\dfrac{1}{3}(a^3-b^3)-\dfrac{1}{2}(a+b)(a^2-b^2)+a^2b-ab^2$

$=\dfrac{1}{6}\{2(a^3-b^3)-3(a+b)(a^2-b^2)+6(a^2b-ab^2)\}$

$=\dfrac{1}{6}\{2(a-b)(a^2+ab+b^2)-3(a+b)^2(a-b)+6ab(a-b)\}$

$=\dfrac{1}{6}(a-b)\{2(a^2+ab+b^2)-3(a^2+2ab+b^2)+6ab\}$

$=\dfrac{1}{6}(a-b)(-a^2+2ab-b^2)$

[別解] (3) $a^6-b^6=(a^2)^3-(b^2)^3=(a^2-b^2)(a^4+a^2b^2+b^4)$
$=(a+b)(a-b)(a^4+2a^2b^2+b^4-a^2b^2)=(a+b)(a-b)\{(a^2+b^2)^2-(ab)^2\}$
$=(a+b)(a-b)(a^2+b^2+ab)(a^2+b^2-ab)$

(13) $(x-y)^3+(z-y)^3+(-x+2y-z)^3$
$=\{(x-y)+(z-y)\}\{(x-y)^2-(x-y)(z-y)+(z-y)^2\}-(x-2y+z)^3$
$=(x-2y+z)\{(x-y)^2-(x-y)(z-y)+(z-y)^2\}-(x-2y+z)^3$
$=(x-2y+z)\{(x-y)^2-(x-y)(z-y)+(z-y)^2-(x-2y+z)^2\}$
$=(x-2y+z)[(x-y)\{(x-y)-(z-y)\}$
$\qquad\qquad\qquad\qquad +\{(z-y)+(x-2y+z)\}\{(z-y)-(x-2y+z)\}]$
$=(x-2y+z)\{(x-y)(x-z)+(x-3y+2z)(-x+y)\}$
$=(x-2y+z)\{(x-y)(x-z)-(x-3y+2z)(x-y)\}$
$=(x-2y+z)(x-y)\{(x-z)-(x-3y+2z)\}$

[参考] (6) $a+b=A$, $ab=B$ とおくと,
$(a+b-1)(ab+a+b)+ab-(a+b)^2=(A-1)(B+A)+B-A^2$
$=A^2+AB-A-B+B-A^2=AB-A=A(B-1)=(a+b)(ab-1)$
(7)も, 同様に, $a+b+c=A$, $abc=B$ とおいて因数分解してもよい。
なお, $a+b$ と ab を2文字の基本対称式という。3文字の基本対称式は $a+b+c$,
$ab+bc+ca$, abc である。
(13) 等式の性質を使って, 次のように因数分解することもできる。
$a^3+b^3+c^3-3abc=(a+b+c)(a^2+b^2+c^2-ab-bc-ca)$ ……①
①に $a=x-y$, $b=z-y$, $c=-x+2y-z$ を代入すると,
$a+b+c=(x-y)+(z-y)+(-x+2y-z)=0$ より,
$(x-y)^3+(z-y)^3+(-x+2y-z)^3-3(x-y)(z-y)(-x+2y-z)=0$
ゆえに, $(x-y)^3+(z-y)^3+(-x+2y-z)^3=3(x-y)(z-y)(-x+2y-z)$
また, $a+b=x-2y+z$ であるから, 次のように因数分解することもできる。
$a^3+b^3-(a+b)^3=-3ab(a+b)=-3(x-y)(z-y)(x-2y+z)$

代数の先生・幾何の先生

めざせ！Aランクの数学

ていねいな解説で
自主学習に最適！

開成中・高校教諭
木部　陽一
筑波大附属駒場中・高校元教諭
深瀬　幹雄
共著

先生が直接教えてくれるような丁寧な解説で，やさしいものから程度の高いものまで無理なく理解できます。くわしい脚注や索引を使って，わからないことを自分で調べながら学習することができます。基本的な知識が定着するように，例題や問題を豊富に配置してあります。この参考書によって，学習指導要領の規制にとらわれることのない幅広い学力や，ものごとを論理的に考え，正しく判断し，的確に表現することができる能力を身につけることができます。

代数の先生　A5判・389頁　2200円
幾何の先生　A5判・344頁　2200円

※表示の価格は本体価格です。本体価格のほかに消費税がかかります。

Aクラスブックスシリーズ

単元別完成！この1冊だけで大丈夫!!

数学の学力アップに加速をつける

玉川大学教授	成川　康男
筑波大学附属駒場中・高校元教諭	深瀬　幹雄
桐朋中・高校元教諭	藤田　郁夫
桐朋中・高校教諭	矢島　弘
	共著

中学・高校の区分に関係なく，単元別に数学をより深く追求したい人のための参考書です。得意分野のさらなる学力アップ，不得意分野の完全克服に役立ちます。この参考書で学習することによって「考え方」がよくわかり，問題が解けるようになるので，勉強が楽しくなります。内容もとてもくわしく親切で，幅広い学力をつけることができます。「ここまでやっておけば万全」というAクラスにふさわしい内容を備えています。

教科書対応表

	中学1年	中学2年	中学3年	高校数I・A
中学数学文章題	☆	☆	☆	
因数分解			☆	☆
2次関数と2次方程式			☆	☆
場合の数と確率			☆	☆

中学数学文章題	A5判・123頁	900円
因数分解	A5判・130頁	900円
2次関数と2次方程式	A5判・119頁	900円
場合の数と確率	A5判・127頁	900円

※表示の価格は本体価格です。本体価格のほかに消費税がかかります。